KB196192

배양자의 김치와 찬

우리 몸을 이롭게 하는

사계절 집밥 레시피

배양자의 김치와 찬

책을 펴내며

K-푸드의 인기가 음악, 영화, 드라마에 이어 전 세계적으로 열풍을 일으키고 있습니다. 특히 김치, 떡볶이, 불고기, 파전 등이 외국에서 인기를 끌고 있고 최근에는 꿀떡에 우유를 부어 먹는 '꿀떡 시리얼'의 인기도 대단하다고 합니다. 꿀떡에 우유를 부어 만드는 이 디저트는 서양의 시리얼 문화를 한식에 접목한 것으로, 국내가 아닌 해외 SNS를 중심으로 먼저 알려졌다는 점이 주목할 만합니다. 이는 K-푸드에 관한 관심이 외국의 젊은이들을 중심으로 점점 높아지고 있다는 증거이니까요.
개인적으로 다양한 한국 음식 중 세계인에게 자랑하고 싶은 대표 음식은 '김치'입니다. 우리 발효 문화의 정수를 담고 있는 음식인 김치는 미국 일간지 <뉴욕포스트>에서 꼽은 한국인의 장수 비결이기도 합니다. 김치는 2001년 국제식품규격(CODEX)으로 공식 승인받았고, 2013년에는 '김장문화'가 유네스코 인류무형문화유산으로 등재되었습니다. 김장철은 겨우내 먹을 양식을 준비하는 때이니만큼 김장하는 날이면 집 안에는 먹을거리가 넘쳐났고 아이들에게는 잔칫날과 다름없었지요. 10여 년 전만 해도 대다수 한국인이 매일 김치를 먹었다고 해도 과언이 아닙니다. 김치는 매일 먹어도 질리지 않고 밥은 물론 고기나 라면과도 잘 어울리기 때문이지요.
김치는 고춧가루의 매콤함과 젓갈의 감칠맛, 익은 후 새콤함까지 절묘하게 어우러져 맛의 하모니를 이룹니다. 또한 발효 과정을 거쳐 우리의 장 건강을 지켜주고 면역력을 높여주는 완벽한 영양식품이기도 합니다. 그런 김치가 해외에서 주목받고 있는 요즘 오히려 국내에서는 소홀히 대하고 있는 것이 가슴 아팠습니다. 아이들과 젊은이들의 식탁에서 김치가 사라지고 있기 때문이지요. 김치의 세계화를 위해서는 한국인의 식탁에서 김치가 빠지지 않아야 한다고 생각합니다. 자라나는 우리 아이들이 김치를 익숙하게 대하고 색다른 김치에 호기심을 가지며 거부감 없이 먹을 수 있어야 김치의 명맥이 이어지는 것은 물론 현대인의 입맛을 사로잡을 새로운 김치 레시피가 탄생할 테니까요. 그러기 위해서는 어머니들이 아이들과 함께 김치를 담가보는 등 각 가정에서도 김치가 문화로 이어져야 한다고 생각합니다.
저는 6~7년 전부터 크로아티아와 영국, 벨기에 등 여러 나라를 다니며 한식 홍보 행사에 참여해 왔습니다. 그중에서도 지난해 벨기에에서 열린 한국-유럽연합 수교 60주년 기념행사가 지금까지 기억에 많이 남습니다. 벨기에산 미니양배추인 브뤼셀 스프라우트를 비롯해 현지 식재료를 활용해 김치 담그기를 선보였는데 그 반응이 매우 폭발적이었기 때문입니다. 벨기에 사람들을 비롯해 유럽 사람들은 뼈를 튼튼하게 하고 항산화 작용이 뛰어난 브뤼셀 스프라우트를 활용한 요리를 자주 식탁에 올립니다. 주로 익히거나 샐러드로 먹는데 한국의 고춧가루, 젓갈, 소금 등으로 만든 양념을 더해 브뤼셀 스프라우트로 김치를 담그니 그들에게는 색다르면서도 그 맛이 인상 깊었던 것 같아요. 브뤼셀 스프라우트 김치를 맛본 모든 이가 엄지를 치켜세웠고 브뤼셀 스프라우트 김치는 금세 동이 났습니다. 이를 계기로 저는 김치를 해외에 제대로 홍보하기 위해서는 외국인들에게 단순히 김치를 맛보게 하는 것을 넘어 각 나라의 로컬 채소에 우리의 김치 양념을 더해 보다 친근하고 편리하게 김치를 만들 수 있도록 레시피를 제안해야겠다는 생각에 이르렀습니다. 김치가 그들의 문화에 자연스럽게 스며들 수 있도록 말입니다. 이에 〈혼김치〉에 이은 저의 두 번째 책에는 전통 한국식 김치 외에도 고수, 토마토, 가지, 참외, 파프리카, 연근과 같은 세계 어디에서나 쉽게 구할 수 있는 재료를 활용한 김치 레시피도 담았습니다.

또한 이번 책에는 김치 외에도 외식 경영 23년간 저의 노하우를 담은 계절 반찬 레시피도 수록했습니다. 외식 경영이 저의 업이지만 저는 집밥 예찬론자입니다. 제가 운영하고 있는 '정성담' 역시 집밥을 그리워하는 분들을 위해 메인 메뉴뿐 아니라 밥과 찬에도 신경을 많이 쓰고 있는 이유이기도 하지요. 제철 재료를 선택하는 것을 기본으로 재료 손질 역시 맛과 영양을 살릴 수 있도록 노력했기에 20년 이상 고객들에게 사랑받고 있다고 자부합니다.

이 책은 쉽게 맛있는 김치를 담그고 싶은 분들을 비롯해 집에서 밥을 해 먹고 싶지만 요리가 어렵고 두렵게 느끼는 분들을 위한 레시피 북입니다. 재료 특성에 따른 손질법부터 정확한 양념 비율 그리고 불 조절과 조리 시간까지 상세하게 담았습니다. 이 책을 읽는 많은 분의 식탁이 한층 풍성하고 건강해진다면 저에겐 큰 기쁨이 될 것입니다.

2024년 12월 배양자

content

봄

여름

content

가을

겨울

김치연구가 배양자가
사랑하는
사계절 식재료

"

맛있는 김치와 음식을 만들기 위해서는 제철 재료를 사용하고 정성스럽게 손질해야
맛과 영양을 고스란히 담을 수 있습니다.

"

배추 겨울이 제철인 배추는 무게가 2.5~3㎏ 정도 나가는 중간 크기가 맛있다. 섬유질과 수분이 적당하게 있는 것을 골라야 김치를 담갔을 때 쉽게 무르지 않는다. 배추를 들어봤을 때 묵직하고 중간의 흰 부분이 단단한 것이 좋다. 겉은 녹색이지만 속은 노란 것으로 속대가 구수하면서도 단맛이 나는 것을 선택한다.

무 배추와 함께 김장철에 맛이 드는 무는 맛을 보았을 때 약간 매운맛과 단맛이 있고 식감이 아삭아삭한 것이 좋다. 시든 잎을 잘라내고 무청을 자른 뒤 칼로 끝을 다듬는다. 싱싱한 무청은 따로 절여 무청김치를 담그거나 시래기를 만든다. 혹은 데친 뒤 된장국을 끓여도 별미다.

갓 갓은 종류에 따라 청갓과 홍갓, 돌산갓으로 나뉜다. 맛이 담백한 청갓은 동치미나 백김치 같은 맑은 김치에 쓰이고 홍갓은 주로 배추김치를 비롯한 다양한 김치의 소로 사용된다. 돌산갓은 젓갈을 넉넉하게 넣어 갓김치를 담그면 좋다. 갓은 자체가 워낙 연하므로 오래 절이면 질겨져서 맛이 없다. 수분이 없는 채소로 2~3시간 정도만 절여서 수분을 남겨두는 것이 중요하다.

쑥 김치부터 국까지 어떤 요리와도 잘 어울리는 쑥은 비타민 A와 비타민 C의 함량이 높아 면역력을 높여주고 스트레스와 피로 해소에 효과적이다. 쑥은 잎이 너무 크지 않고 잎 뒤쪽에 뽀얀 색이 도는 것이 탄력 있고 향이 좋다. 밑동의 억센 줄기는 자르지만 진한 향이 나는 작은 잎은 버리지 않고 사용한다.

돌나물 돌나물은 칼슘과 인 그리고 비타민 C를 많이 함유하고 있어 겨우내 움츠렸던 우리 몸을 활성화하는 데 도움이 된다. 돌나물은 물러진 잎과 줄기를 잘라내고 물에 가볍게 살살 씻어야 풋내가 나지 않으며 물에 오래 담가두지 않아야 한다. 돌나물김치는 익으면 맛이 덜하므로 되도록 빨리 먹는 것이 좋다.

달래 달래는 비타민 C와 철분이 풍부해서 우리 몸의 신진대사를 도와 춘곤증을 이기는 데 도움이 된다. 항산화 기능과 항암 효과가 뛰어나 면역력을 높이고 저항력도 키워준다. 달래는 뿌리째 먹기 때문에 뿌리 부분을 꼼꼼히 씻는 것이 중요하다. 뿌리 부분을 물에 잠시 담갔다 흔들어 씻고 흙이 남아 있지 않게 맑은 물에 여러 번 헹궈 깨끗하게 씻는다.

볼락 볼락은 큰 눈이 특징인 생선으로 칼륨이 풍부해 고혈압 예방에 효과적이다. 뿐만 아니라 단백질과 타우린도 풍부해 중장년에게 추천하는 생선 중 하나다. 거제도에서는 김치에 넣어 먹기도 한다. 생선은 클수록 뼈가 단단하기 때문에 토막 내기가 어렵고 뼈가 잘 삭지 않으므로 김치에 넣을 때는 최대한 작은 것을 사용한다.

열무 김치용 열무는 잔털이 가시처럼 조금씩 나 있는 것이 싱싱하다. 주로 잎을 먹는 식재료이므로 고를 때 무의 크기는 그다지 중요하지 않다. 억센 것보다는 크기가 작고 연한 것을 고르는 것이 좋다. 또 풋내가 나기 쉬우므로 절이고 씻고 버무릴 때 모두 살살 다루어야 한다.

오이 오이는 크게 백오이, 가시오이, 청오이로 나뉘며 용도에 따라 알맞게 선택해 사용하면 된다. 백오이는 씨는 많지만 달고 향이 좋아 주로 소박이나 물김치를 담글 때 사용한다. 가시오이와 청오이는 무침, 냉채 등의 반찬으로 주로 사용된다. 오이는 소금으로 문질러 씻지 말고 흠집이 나지 않도록 식초물에 흔들어 씻는다.

양파 양파의 매운맛은 유화알릴이라는 성분 때문인데 이는 소화액의 분비를 도와 신진대사가 활발해져 우리 몸을 건강하게 만들어준다. 양파김치는 늦봄에서 여름으로 넘어가는 수확 철에 담그는 것이 맛있다. 양파는 아이 주먹만 한 크기로 알이 단단하고 모양이 고른 것을 골라야 하며 푸른 잎이 매달린 양파를 구할 수 있으면 잎째 담그는 것이 더 맛이 있다.

고구마줄기 고구마줄기로 김치를 담그면 식감이 아삭하고 구수한 맛이 나서 밥을 비벼 먹기에 딱 좋은 여름철 별미다. 다만 껍질을 벗기기 어렵다는 것이 단점인데 소금물에 절였다가 벗기면 손질하기 훨씬 수월하다. 고구마줄기는 잎을 잘라내고 줄기 쪽을 살짝 꺾어 섬유질을 벗겨낸다.

콩잎 비타민 C와 철분을 풍부하게 함유한 콩잎은 주로 가을에 노란 잎으로 장아찌를 만드는데 경상도에서는 초여름에 푸른 어린잎으로 물김치를 담그기도 한다. 콩잎물김치는 맛이 시원하고 담백해 별미인데 양념을 약하게 해야 콩잎 본연의 맛에 집중할 수 있다.

가지 가지의 약 92%를 차지하는 수분은 풍부한 칼륨과 함께 이뇨 작용을 돕는다. 또한 칼륨은 몸 안의 필요 없는 나트륨을 배설시켜 고혈압을 예방해 중장년에게 이로운 식재료 중 하나다. 가지는 위아래의 굵기가 비슷하고 윤기가 나며 색이 선명하고 꼭지까지 보라색인 것을 선택한다. 꼭지가 파란 것은 맛도 덜하고 떫기 때문이다.

순무 순무는 일반 무에 비해 수분이 거의 없고 섬유질이 많아 소금에 따로 절이지 않고 김치를 담가야 한다. 또 특유의 쌉싸래한 매운맛이 있어 순무김치는 그냥 먹기보다는 숙성시켜 먹는 것이 맛있다. 순무김치를 담글 때는 줄기 부분까지 함께 활용하면 맛과 영양이 모두 높아진다. 다만 뿌리는 절이면 질겨지므로 줄기만 소금을 뿌려 절인다. 순무 껍질은 조금 질기고 매운맛이 나기도 해 그 맛이 싫다면 껍질을 제거하고 김치를 담근다.

연근 연근은 보통 조림으로 많이 먹는데 김치를 담가도 별미이며 구워서 다양한 채소와 함께 샐러드로 먹어도 별미다. 연근 특유의 끈적임과 변색을 막고 아삭하게 씹히는 식감을 살리려면 껍질을 벗겨 썰자마자 뜨거운 물을 부어 데쳐야 한다. 이후 찬물에 재빨리 씻고 물기를 제거해야 연근의 식감이 유지된다.

고들빼기 생고들빼기는 쓴맛이 굉장히 강해 그대로 사용하지 않고 소금물에 담가 쓴맛을 우려낸 뒤 김치를 담가야 한다. 특히 하우스 고들빼기에 비해 노지 고들빼기가 쓴맛이 훨씬 강하다. 또 여름보다는 단풍이 든 늦가을 무렵의 고들빼기를 사용하면 뿌리가 튼실해 김치로 담갔을 때 깊은 맛을 낸다.

멍게 멍게는 싱그러운 바다 향과 함께 씹을수록 은은하게 올라오는 단맛으로 봄철 입맛을 돋우기에 좋은 식재료다. 싱싱한 멍게만 있다면 손쉽게 비빔밥을 만들 수 있고 양념과 채소를 곁들여 물회로 즐기기도 좋다.

대구 예부터 거제도에서는 다른 생선에 비해 크기가 큰 대구를 뜨끈하게 맑은 탕으로 끓여 먹고 남은 살은 꾸덕꾸덕하게 말려두고 사용했다. 대구의 내장 역시 버리지 않고 국이나 찌개를 끓여 먹었고 특히 아가미는 김치 재료로 사용했다. 아가미를 넣어 담근 깍두기는 시원하면서도 감칠맛이 뛰어나다. 아가미로 김치를 담글 때는 신선도가 중요한데 대구 껍질에 광택이 나고 비늘이 단단하게 붙어 있는 것이 아가미 역시 싱싱하다.

음식의 맛을
업그레이드하는
양념 공식

"

요리는 정성이고 손맛이지만 알고 보면 그 속에는 수학 공식처럼 꼭 지켜야 하는

원칙이 있습니다. 김치와 반찬을 보다 맛있게 만드는

아주 쉽지만 꼭 지켜야 하는 저만의 양념 공식을 소개합니다.

"

나만의 손맛 터득하기

세상의 수많은 어머니에게 음식을 맛있게 하는 비법을 물으면 대개 그저 '감'으로 한다고 말씀하십니다. 어머니들이 말씀하시는 그 '감'이란 자신도 모르게 익힌 요리의 양념 비율일 것입니다. 실제 요리 고수들은 음식을 만들 때 어느 정도 재료를 넣고 어느 정도 간을 맞춰야 하는지 감으로 아는 경우가 많습니다. 이것이 우리가 흔히 말하는 '손맛'인 것이지요. 손맛이란 막연히 생각하면 재능 같아 보이지만 알고 보면 수없이 많은 음식을 만들면서 터득한 요리 비법입니다. 요리 비법에는 자신만의 양념 비율도 포함되고요. 양념 비율만 잘 익혀두면 낯선 재료도 두려워하지 않고 자신 있게 음식을 만들어낼 수 있습니다. 독자 여러분도 책에 나온 레시피를 따라 해보시고 양념을 가감해 자신만의 양념 공식을 터득해보세요.

김치의 맛과 간 조절하기

김치의 경우 맛과 간을 조절하기 위해서는 재료를 알맞게 절이는 것이 중요하지만 이는 쉽지 않습니다. 재료의 양에도 차이가 나고 계절과 기온, 개인의 맛 취향에 따라서도 다를 수 있기 때문입니다. 간을 할 때는 직접 맛을 보면서 취향에 맞게 조절하는 것이 좋습니다.

김치를 절일 때는 여름에는 짧게, 겨울에는 여름보다 두 배 정도 더 시간을 두는 것이 좋습니다. 또 김치가 짜다면 무를 채 썰거나 갈아서 김치에 섞는 것도 간을 조절하는 방법입니다. 간을 확인할 때는 바로 맛보지 말고 냉장고에서 하루 정도 보관한 후 맛보는 것이 좋습니다. 김치 간이 싱겁다면 김치국물을 따라내어 김치에 넣은 젓갈(멸치젓, 새우젓, 까나리액젓 등)을 추가해 넣으면 되지요. 무를 갈아서 소금이나 감미료(설탕, 물엿 등)를 넣고 김치에 추가해 냉장고에 하루 보관한 후 맛을 보아가며 간을 조절하면 됩니다.

감칠맛 더하기

감칠맛의 특징 중 하나는 감칠맛을 함유한 재료를 두 가지 이상 함께 사용하면 맛의 상승효과를 가져온다는 것입니다. 평소 육수를 낼 때 여러 재료를 복합적으로 사용하면 한 가지 재료만 사용할 때보다 한층 더 맛이 좋아지는 경험을 한 바 있을 것입니다. 예를 들어 멸치 하나만으로 우려낸 육수보다 멸치와 다시마, 무, 대파 등을 함께 넣은 육수가 더 감칠맛이 뛰어납니다. 김치 양념의 경우 사과, 배, 대추로 단맛을 내고 양파, 대파, 파뿌리, 표고버섯, 다시마 등을 넣어 육수를 내면 맛이 훨씬 풍부해집니다. 이는 바로 맛의 상승효과 때문입니다.

예부터 단오 전에 나는 풀은 모두 약초라 했는데 그게 바로 봄나물입니다. 봄나물의 산뜻한 맛은 입안을 싱그럽게 하고 겨우내 움츠렸던 몸에 활력을 줍니다. 무겁게 가라앉은 마음에 생기를 불어넣는 봄나물과 단백질이 풍부한 해산물로 차린 봄 밥상을 소개합니다.

봄

쑥김치

“쑥은 국화과 계열의 식물로 한국의 대표 허브 중 하나입니다. 어떤 요리와도 잘 어울리는 쑥은 비타민 A와 비타민 C의 함량이 높아 면역력을 높여주고 스트레스와 피로 해소에 효과적입니다. 또한 부인병에도 효과가 있고 소화 흡수를 돕고 몸을 따뜻하게 해줘 여성들에게 매우 좋은 식품이지요. 이렇게 몸에 좋은 쑥으로 만든 김치는 독특한 향기와 맛으로 춘곤증이 심한 봄에 식욕을 돋우는 데 제격입니다. 특히 쑥이 들어간 음식을 먹으면 속이 편해 남녀노소 누구에게나 추천하는 김치예요.”

기본 재료

쑥 300g
물(절임용) 300㎖
소금(절임용) 1큰술

양념 재료

멸치액젓·고춧가루 3큰술씩
배·양파 100g씩
쪽파 40g
밀가루풀 3큰술
매실청 2큰술
마늘즙·생강즙 1작은술씩
통깨 약간

밀가루풀 재료

물 1컵
밀가루 1큰술
물 2큰술

만드는 법

1 쑥은 손질해 씻어 물기를 제거한다. 물에 소금을 녹여 만든 절임물을 쑥에 끼얹어 3분 정도 절인 뒤 뒤집어서 3분 정도 더 절인 후 채반에 밭쳐 물기를 뺀다.
2 밀가루 1큰술에 물 2큰술을 넣어 멍울 없이 갠다. 물 1컵을 냄비에 넣고 끓으면 물에 갠 밀가루를 넣고 약한 불에서 저어가며 끓인다. 보글보글 끓어오르면 식혀 밀가루풀을 완성한다.
3 배는 껍질을 벗기고 썰어 ②의 밀가루풀과 함께 믹서에 곱게 간다.
4 양파는 0.5㎝ 두께로 채 썰고, 쪽파는 4㎝ 길이로 썬다.
5 ③에 고춧가루와 멸치액젓, 마늘즙, 생강즙, 매실청을 넣고 섞어 양념을 만든다.
6 ⑤의 양념에 ①의 쑥과 ④의 양파, 쪽파를 넣어 가볍게 버무린 후 통깨를 뿌린다.
7 밀폐용기에 ⑥의 쑥김치를 담고 뚜껑을 덮은 뒤 반나절 정도 실온에서 숙성시켜 냉장 보관해가며 먹는다.

돌나물물김치

"돌나물은 칼슘과 인 그리고 비타민 C를 많이 함유하고 있어 겨우내 움츠렸던 우리 몸을 활성화하는 데 도움이 됩니다. 특히 칼슘이 풍부해 간 기능을 원활하게 하고 피를 맑게 하는 작용이 탁월합니다. 톡톡 터지는 새콤한 잎의 맛이 좋아 샐러드 재료로도 자주 사용되는데 늦은 봄, 살이 통통하게 오른 돌나물을 슴슴하게 물김치로 담그면 봄에 이만한 별미가 없지요. 돌나물은 물러진 잎과 줄기를 잘라내고 물에 가볍게 살살 씻어야 풋내가 나지 않아요. 또 약하기 때문에 물에 오래 담가두지 않아야 합니다. 소금에 절이지 않고 담그는 김치이기 때문에 맛이 빨리 변해요. 담근 후 최대한 빨리 먹어야 합니다."

기본 재료

돌나물 200g

파프리카 ½개

당근 40g, 사과 30g

양념 재료 A

홍고추 3개

파프리카 ½개

밀가루풀 ½큰술

설탕 1큰술, 마늘 10g

생강 5g, 무 30g

양념 재료 B

물 ½컵, 고춧가루 1큰술

김치 국물 재료

물 2컵, 소금 1⅔큰술

만드는 법

1 돌나물을 체에 담아 흐르는 물에 씻어 물기를 뺀다.

2 파프리카는 씨를 빼고 0.5㎝ 두께, 사방 1㎝ 크기로 네모지게 썬다. 당근은 지름 1.2㎝의 원형으로 얇게 편으로 썰고, 사과는 껍질째 파프리카 크기로 썬다.

3 양념 재료 A를 적당한 크기로 썰어 믹서에 간 뒤 양념 재료 B를 섞어 체에 거른다.

4 ③에 분량대로 물에 소금을 녹여 만든 김치 국물을 부어 간을 조절하고 ①과 ②를 넣어 섞은 뒤 상온에 반나절 두었다가 냉장 보관하며 먹는다.

달래김치

"알싸한 향의 달래로 김치를 만들어도 별미죠. 파김치와 또 다른 맛으로 입맛을 살려주는 김치로 봄이 지나가기 전에 한 번쯤 꼭 담가 드시길 추천합니다. 달래는 비타민 C와 철분이 풍부해서 신진대사를 도와 춘곤증을 이기는 데 아주 효과적입니다. 또한 달래의 알리신 성분은 항산화 기능과 항암 효과가 뛰어나 우리 몸의 면역력을 높이고 저항력도 키워줍니다. 달래만 양념에 무쳐 먹어도 맛있지만 알배추나 봄동을 절여 만든 겉절이에 달래를 듬뿍 넣고 김치로 담가 먹어도 별미입니다. 달래의 매운맛은 알뿌리에 집중되어 있으므로 알뿌리가 지나치게 크거나 매운맛을 좋아하지 않는다면 칼 옆면으로 알뿌리를 살짝 눌러주면 매운맛이 덜해집니다."

기본 재료

달래 300g
소금(절임용) ½큰술
파프리카 80g

양념 재료

고춧가루 4큰술
까나리액젓 3큰술
새우젓 1작은술
배 100g
밀가루풀 4큰술
매실청 2큰술
통깨 약간

밀가루풀 재료

물 1컵
밀가루 1큰술
물 2큰술

만드는 법

1 달래는 뿌리 부분을 손질해 씻어 칼 옆면으로 알뿌리를 살짝 누른다.
2 손질한 달래의 뿌리 부분에 소금을 뿌리고 중간에 한 번 뒤집어가며 5분 정도 절였다가 건진다.
3 밀가루 1큰술에 물 2큰술을 넣어 멍울 없이 갠다. 물 1컵을 냄비에 넣고 끓으면 물에 갠 밀가루를 넣고 약한 불에서 저어가며 끓인다. 보글보글 끓어오르면 식혀 밀가루풀을 완성한다.
4 파프리카는 폭 0.7㎝, 길이 5㎝로 자른다.
5 배를 믹서에 갈아 나머지 재료와 함께 버무려 양념을 완성한다.
6 ⑤의 양념에 손질해둔 ②의 달래를 넣고 알뿌리 부분부터 살살 버무린다.
7 달래를 4~5뿌리 정도 손에 쥐고 달래의 뿌리 부분에 ④의 파프리카를 넣고 돌돌 감아서 통에 넣어 냉장 보관해가며 먹는다.

고수김치

"고수김치는 삼겹살이나 수육을 먹는 날 함께 곁들여 먹기를 추천합니다. 고수는 음식을 먹고 난 뒤 입안을 깨끗하게 씻어주는 특별한 역할을 하기 때문에 기름지고 특유의 향이 있는 육류와 잘 어우러지지요. 고수김치를 만들 때는 뿌리 부분만 제거한 후 썰지 않고 그대로 버무린 후 그냥 먹어도 좋고 먹기 직전에 썰어 먹어도 좋습니다. 또 잎 부분은 연약하기 때문에 먼저 굵은 줄기 부분에 양념을 묻히고 마지막에 남은 양념을 잎 부분에 묻혀야 숨이 금방 죽지 않는답니다. 고수김치는 겉절이처럼 만들자마자 먹는 것이 가장 맛있고 최대한 빠른 시간 내에 먹는 것이 좋습니다."

기본 재료

고수 500g

대파(흰 부분) 70g

양념 재료

고춧가루·까나리액젓 4큰술씩

다진마늘·설탕 1큰술씩

밀가루풀 2큰술

배 50g

통깨 약간

만드는 법

1 고수는 뿌리를 잘라내고 시든 부분은 제거한 뒤 흐르는 물에 깨끗하게 씻어 물기를 뺀다.

2 대파는 흰 부분만 5㎝ 길이로 채 썬다.

3 믹서에 밀가루풀과 배를 넣고 곱게 간다.

4 ③에 고춧가루, 까나리액젓, 다진 마늘, 설탕을 넣고 고루 섞는다.

5 ④에 ②의 대파를 넣고 고루 섞은 뒤 손으로 고수의 중간 부분을 잡아 굵은 줄기 부분부터 넣고 양념의 4분의 3 정도를 바른다는 느낌으로 섞는다.

6 마지막으로 고수의 잎 부분에 남은 양념을 묻히고 통에 담은 뒤 통깨를 뿌린다.

봄동겉절이

"아삭한 식감의 봄동은 겨우내 잃었던 입맛을 살려주는 식재료로 베타카로틴 함량이 높아 항산화 작용으로 노화 방지 및 암 예방에도 효과적입니다. 각종 고기 요리에 쌈처럼 곁들여 먹기도 좋고 진하게 우린 설렁탕과 함께 먹어도 궁합이 좋습니다. 봄동겉절이는 아삭한 식감을 살릴 수 있도록 조리 과정을 최대한 줄이는 것이 중요합니다. 양념을 미리 만들어두었다가 상에 내기 직전에 무치면 아삭한 식감도 살리고 물도 생기지 않아요."

기본 재료

봄동 200g

식초 약간

쪽파 30g

홍고추 1개

양파 50g

양념 재료

고춧가루·멸치액젓 2큰술씩

매실액·다진 마늘 1큰술씩

통깨 1작은술

만드는 법

1 봄동은 밑동을 칼로 제거하고 깨끗하게 씻어 식초를 한두 방울 떨어뜨린 물에 5분 정도 담갔다가 물기를 제거한다.

2 ①의 봄동을 잎과 뿌리 부분이 붙어 있도록 세로로 이등분해 먹기 좋은 크기로 썬다.

3 쪽파는 3㎝ 길이로 썰고, 홍고추는 반으로 갈라 씨를 제거한 뒤 채 썬다. 양파는 0.3㎝ 두께로 채 썬다.

4 통깨를 제외한 재료를 모두 섞어 양념장을 만든다.

5 봄동과 쪽파, 홍고추, 양파, 양념장을 넣고 고루 무친 뒤 통깨를 뿌려 상에 올린다.

토마토김치

“베타카로틴과 비타민 C를 풍부하게 함유하고 있는 토마토로 만든 김치는 아이들도 좋아하지만 의외로 와인 안주로도 잘 어울립니다. 토마토김치는 일반 토마토를 이용해도 좋고 달고 짠맛이 나는 대저토마토를 이용해 만들어도 좋습니다. 소금에 절이지 않고 새우젓이나 액젓만 넣기 때문에 샐러드처럼 즐기기에도 좋고 고기에 곁들여 먹어도 별미지요. 탄탄한 토마토를 이용해 만들어도 맛있지만 냉장고에 두었던 다소 시든 토마토를 이용해 만들어도 됩니다. 다만 시든 토마토는 껍질이 겉돌 수 있기 때문에 토마토 맨 위 중앙에 열십자를 내어 살짝 데쳐 얼음물에 담가 껍질을 벗겨 사용하는 게 좋습니다.”

기본 재료

토마토 250g
양파 · 쪽파 50g씩

양념 재료

고춧가루 · 다진 새우젓
(또는 액젓) 1½큰술씩
다진 마늘 ½큰술
매실액 2큰술
참기름 · 깨소금 1큰술씩

만드는 법

1 토마토는 꼭지를 따고 씻어 물기를 뺀 후 먹기 좋은 크기로 자른다.
2 손질한 양파는 채 썰고, 쪽파는 다듬어 씻어 총총 썬다.
3 썰어놓은 ②의 양파와 쪽파에 양념 재료를 넣어 고루 섞는다.
4 ③에 손질해놓은 ①의 토마토를 넣어 손에 힘을 빼고 가볍게 무쳐 낸다. 혹은 열십자 낸 토마토에 오이소박이처럼 속을 채워 내도 좋다.

바지락쑥국

“부인병에 효과가 있는 쑥은 소화 흡수를 돕고 몸을 따뜻하게 해줘 여성에게 이롭습니다. 된장과 간장을 넣지 않고 끓인 쑥국은 건강에도 좋지만 향긋함이 남다른 별미이기도 합니다. 시원하고 깔끔한 쑥 향을 느끼고 싶다면 된장이나 간장 등을 넣지 않고 소금으로만 간하는 것이 좋지요. 국에 들어가는 쑥은 손으로 비틀어 찢어 넣어야 쑥의 향기를 진하게 느낄 수 있습니다.”

기본 재료

쑥 100g
바지락 200g
생수 1ℓ
소금 약간
청양고추(또는 홍고추) 1개
다진 마늘 ½작은술
대파 약간

만드는 법

1 손질한 쑥은 10분 정도 찬물에 담갔다가 물에 여러 번 헹궈가며 깨끗하게 씻는다.
2 스테인리스 볼에 바지락이 잠길 정도의 물과 소금 1작은술을 넣어 소금이 녹으면 바지락을 넣고 검은 봉지를 씌워 1시간 정도 해감한다.
3 청양고추는 씨를 제거하고 어슷썰기 하고, 대파도 어슷 썬다.
4 해감 한 바지락은 고무장갑을 끼고 빡빡 문질러 여러 번 맑은 물에 헹궈 껍데기에 묻어 있는 뻘과 불순물을 제거한다.
5 냄비에 찬물과 바지락을 넣고 끓기 시작하면 쑥을 비틀어 찢어 넣는다.
6 ⑤가 끓으면 다진 마늘, 청양고추, 대파를 넣고 소금으로 간하여 그릇에 담는다.

냉이된장국

"냉이는 봄나물 중 단백질 함량이 가장 높습니다. 또 혈액순환과 소화 및 해독 기능, 보혈 작용까지 몸에 두루두루 좋지요. 봄의 보약과 같은 냉이로 된장국을 끓여보세요. 냉이의 은은한 향이 어우러진 별미로 가족의 입맛을 돋우기에 좋습니다. 냉이는 뿌리 부분이 단단해 찌개나 국으로 끓일 때 뿌리를 먼저 넣어 익히는 것이 좋아요. 연한 잎은 마지막에 넣고 한소끔만 끓여야 냉이의 향이 살고 색도 푸른색으로 예쁘지요. 냉이된장국은 기호에 따라 두부나 바지락 등을 더하면 더욱 맛있게 즐길 수 있습니다."

기본 재료

냉이 100g
식초 1큰술
멸치(육수용) 10g
다시마 1조각
물 800㎖
대파 10g
청양고추(또는 홍고추) 1개
된장 1큰술
다진 마늘 1작은술
고춧가루 톡톡

만드는 법

1 냉이는 뿌리와 이파리 사이에 낀 흙은 긁어내고 물에 담가 흔들어 깨끗하게 씻는다.
2 씻은 냉이는 식초를 넣은 물에 잠시 담갔다가 건져 2㎝ 길이로 먹기 좋게 썬다.
3 물과 멸치, 다시마를 넣고 10분 정도 끓인 뒤 멸치와 다시마는 건져낸다.
4 대파는 흐르는 물에 씻어 어슷 썰고, 청양고추도 어슷썬다.
5 ③의 육수에 된장을 풀고 먼저 냉이 뿌리 부분과 다진 마늘을 넣고 끓인다.
6 ⑤가 끓기 시작하면 냉이 잎을 넣고 한소끔 끓이다 마지막으로 어슷 썬 청양고추와 대파를 올리고 고춧가루를 뿌려 상에 낸다.

도미찜

"도미를 비롯한 생선을 찔 때 대파를 깔거나 청주를 뿌리면 비린내를 비롯한 잡내를 제거하는 데 탁월한 효과가 있습니다. 여기에 레몬과 미나리를 더하면 향긋하면서도 색감마저 아름다워 한 접시 봄 만찬을 완성할 수 있지요. 기호에 따라 양념장을 만들어 찍이 먹는데 봄 향기 가득한 만능달래장과 아주 잘 어울립니다."

기본 재료

도미 1마리
양파 ½개
대파 2대
레몬 1개
청주 1병
미나리 20g
마늘플레이크 한 줌

소스 재료

간장·청주 2큰술씩
식초·올리고당 1큰술씩
레몬즙 1작은술
청양고추·홍고추 1개씩
통깨 1큰술

만드는 법

1 도미는 비늘과 내장을 제거한 후 깨끗하게 씻어 속까지 익도록 사선으로 칼집을 낸다.
2 양파는 가늘게 채 썰고, 대파는 7~8㎝ 길이로 썬다. 레몬은 길이로 반으로 가르고 0.3㎝ 두께로 썬다. 미나리는 다듬어 씻어 먹기 좋은 크기로 썬다.
3 찜기에 물과 청주를 2:1 비율로 넣고 김이 오르면 찜통 위에 대파를 깔고 그 위에 도미를 올려 20분 정도 찐다.
4 청양고추와 홍고추, 통깨를 제외한 소스 재료를 팬에 넣고 한소끔 끓인 후 송송 썬 청양고추와 홍고추를 넣고 통깨를 뿌려 고루 섞어 양념을 완성한다.
5 ③의 도미를 접시에 올리고 채 썬 양파와 마늘플레이크, 레몬, 미나리를 올려 ④의 양념장과 함께 낸다.

만능달래장

"콩나물밥을 비롯해 솥밥의 양념으로 잘 어울리는 달래장은 마른 김에 밥을 싸 먹을 때 곁들여 먹어도 별미입니다. 반찬이 없을 때는 흰밥에 비벼 먹어도 좋고 순두부나 구운 두부의 양념으로도 잘 어울리고요. 또 흰살생선을 쪄서 만능달래장을 올려 먹으면 따로 간을 할 필요도 없고 생선의 비린내도 잡아줘 일석이조랍니다."

기본 재료

달래 50g

간장 4큰술

양념 재료

물·올리고당 1큰술씩

고춧가루 ⅔큰술

다진 마늘·참기름 1큰술씩

통깨 1큰술

만드는 법

1 달래는 알뿌리 부분의 껍질을 벗기고 불순물을 제거한다.

2 손질한 달래는 뿌리 부분부터 흔들어가면서 씻어 물기를 완전히 제거한다.

3 달래의 알뿌리 부분을 칼등으로 눌러 매운맛을 분산시킨 뒤 먹기 좋은 크기로 자른다.

4 양념 재료를 섞은 뒤 마지막으로 달래를 넣고 버무린다.

달래초무침

"알싸한 향의 달래는 뿌리에 비타민과 칼슘이 가득 담겨 있습니다. 빈혈 예방은 물론 간 기능 강화와 동맥경화 예방에 효능이 있습니다. 입맛을 돋워주는 달래초무침이지만 달래 특유의 맵고 아린 맛 때문에 먹기 꺼리는 분들이 있을 거예요. 이럴 때는 부드러운 맛을 더해 주는 팽이버섯을 넣고 함께 무쳐보세요. 맛이 한결 부드러워지고 아삭하면서도 쫀득한 팽이버섯의 식감이 매력적이랍니다."

기본 재료

달래 70g

팽이버섯 30g

양념 재료

간장·식초·올리고당 1큰술씩

고춧가루 ⅔큰술

깨소금 1큰술

참기름·레몬즙 1작은술씩

만드는 법

1 달래는 알뿌리 부분의 껍질을 벗기고 불순물을 제거한다.

2 손질한 달래는 뿌리 부분부터 흔들어가면서 씻어 물기를 완전히 제거한다.

3 달래의 알뿌리 부분을 칼등으로 눌러 매운맛을 분산시킨 뒤 먹기 좋은 크기로 자른다.

4 팽이버섯은 밑동을 자르고 흐르는 물에 재빨리 씻어 물기를 완전히 제거한 후 가닥가닥 분리해 반으로 자른다.

5 양념 재료를 고루 섞은 뒤 먹기 직전에 손질한 달래와 팽이버섯을 넣고 고루 버무린다.

방풍나물된장무침

"방풍나물은 달면서도 쌉싸름한 맛이 나는 나물입니다. 황사나 미세먼지 등 대기오염 물질의 체내 흡수를 막는 효과가 있어 해독초라고도 불립니다. 방풍은 된장에 무쳐도 맛있고 식용유를 두른 팬에 방풍과 집간장, 액젓을 넣어 살짝 볶아 먹어도 별미지요. 된장과 맛 궁합이 좋은 방풍을 무칠 때는 데쳐 찬물에 헹군 뒤 물기를 적당히 짜야 합니다. 물기를 너무 많이 짜면 방풍 특유의 향과 단맛이 줄어들고 또 너무 물기가 많으면 식감이 좋지 않기 때문이에요."

기본 재료

방풍 300g

소금 약간

홍고추 ½개

쪽파 3줄기

양념 재료

된장 ⅔큰술

국간장 ½큰술

고춧가루 ⅔큰술

참기름 · 통깨 1큰술씩

만드는 법

1 방풍은 질긴 부분과 시든 부분을 다듬고 씻어 끓는 물에 소금을 약간 넣고 숨이 죽을 정도로 데친다.

2 데친 방풍은 찬물에 헹궈 물기를 적당히 짠다.

3 홍고추는 반으로 갈라 씨를 제거한 후 곱게 채 썰고, 쪽파는 송송 썬다.

4 볼에 참기름과 통깨를 제외한 재료를 모두 넣고 섞어 양념을 만든 뒤 ②의 데친 방풍을 넣고 조물조물 무쳐 참기름과 통깨를 뿌리고 다시 한 번 버무린다.

5 마지막으로 홍고추와 쪽파를 넣고 가볍게 무쳐 접시에 담는다.

멍게비빔밥

"바다의 향을 고스란히 느낄 수 있는 멍게는 싱그러운 바다 내음과 함께 씹을수록 은은하게 올라오는 단맛으로 봄철 입맛을 돋우기에 딱 좋은 식재료입니다. 멍게비빔밥은 싱싱한 멍게만 있다면 뚝딱 만들 수 있는 메뉴로 멍게의 바다 향과 다양한 채소의 푸릇한 향이 어우러져 입맛을 돋워줍니다. 제 고향 거제도에서는 멍게비빔밥을 만들 때 신선한 멍게에 양념을 해 젓갈로 만들어놓고 몇 가지 채소와 함께 밥에 넣어 비벼 먹어요. 이렇게 만든 멍게비빔밥은 자연산 멍게의 향긋함을 그대로 즐길 수 있어 별미지요. 멍게를 양념한 후에 10~20분 정도 두면 멍게에서 물이 빠져나와 비벼 먹기에 훨씬 좋아요. 멍게를 양념하기 번거롭다면 씻어 물기를 제거한 멍게를 밥에 올린 후 채소와 미역 그리고 초장, 참기름, 참깨를 뿌려 비벼 먹어도 맛있어요."

기본 재료

멍게(깐 것) 300g
소금 ½큰술
상추·깻잎 3장씩
오이 20g
생미역 30g
새싹 10g
참기름 1큰술
통깨·김가루 약간씩

멍게젓갈 양념 재료

고춧가루 3큰술
멸치액젓 2큰술
매실청 1큰술
청양고추 1개
쪽파 2줄기
다진 마늘 1큰술

만드는 법

1 멍게는 깐 것으로 준비해 소금을 넣고 가볍게 씻어 찬물에 헹군 후 물기를 뺀다.
2 볼에 ①의 멍게를 담고 양념 재료 중 고춧가루를 먼저 넣고 고루 섞어 물을 들인다.
3 멍게젓갈 양념 재료 중 청양고추와 쪽파는 얇게 송송 썬다.
4 ②의 멍게에 양념 재료를 모두 넣고 고루 섞어 10~20분 정도 둔다.
5 상추와 깻잎은 비비기 좋은 크기로 썰고 오이는 채 썬다. 생미역은 미지근한 물에 바락바락 씻어 여러 번 헹궈 물기를 제거하고 먹기 좋게 썬다.
6 대접에 밥을 담고 준비한 ⑤의 채소와 새싹을 보기 좋게 올리고 그 위에 양념한 ④의 멍게를 올린 후 참기름, 통깨, 김가루를 뿌려서 함께 비벼 먹는다.

참두릅숙회

"두릅은 두릅나무에 달리는 새순으로 독특한 향이 있는 나물입니다. 향이 좋고 통통하고 진한 연둣빛의 두릅이 맛이 좋고 부드럽습니다. 두릅은 딱딱한 가시가 붙은 가지 부분을 잘라내고 겉잎을 손질한 후 밑동에 십자 모양으로 칼집을 넣고 끓는 물에 데쳐서 숙회로 초장을 찍어 먹으면 별미입니다. 또 튀김옷을 입혀 튀기거나 전을 부치기도 하고요. 데칠 때는 억센 줄기부터 먼저 넣어 삶고 잎은 숨만 죽을 정도로 데쳐야 식감과 향을 살릴 수 있습니다."

기본 재료

참두릅 300g

소금 1큰술

물 500㎖

초장 재료

고추장·식초·사이다 1큰술씩

알룰로스(또는 설탕) ½큰술

통깨 약간

만드는 법

1 참두릅은 면장갑을 끼고 밑동의 억센 가시를 잘라낸 뒤 떡잎은 떼어내고 지저분한 부분은 칼등으로 긁어낸다.

2 손질한 두릅은 깨끗하게 씻어 데치기 쉽게 밑동이 큰 것은 4등분한다.

3 냄비에 물 500㎖를 붓고 끓으면 소금 1큰술을 넣은 뒤 녹으면 참두릅을 밑동부터 넣어 20초 정도 데친 후 잎 부분까지 완전히 담가 빠르게 뒤집은 후 색이 곱게 변하면 재빨리 건져 찬물에 담가두었다가 한 번 더 찬물에 헹군 후 물기를 빼고 접시에 담는다.

4 분량대로 재료를 섞어 초장을 만들고 두릅에 곁들여 낸다.

주꾸미볶음

"'봄 주꾸미, 가을 낙지'라는 말이 있듯이 봄에는 주꾸미만 한 재료가 없습니다. 산란기인 봄의 주꾸미는 쫄깃한 맛도 있고 알도 꽉 들어차 있죠. 주꾸미는 조리 전에 미끌미끌한 표면을 잘 닦아내야 양념이 고루 잘 배어듭니다. 대부분의 사람들이 소금으로 씻는데 이렇게 하면 맛이 짜지고 육질이 질겨지니 소금과 밀가루를 약간씩 뿌려 바락바락 씻는 것이 좋습니다. 주꾸미를 양념과 함께 그대로 볶아 익히면 물이 생기고 식감이 질겨져 먹기가 불편해요. 그래서 주꾸미를 끓는 소금물에 데친 후 먹기 바로 직전에 양념과 함께 센 불에서 살짝 볶아내는 게 조리 포인트입니다. 그래야 물이 생기지 않을 뿐만 아니라 식감도 부드럽습니다."

기본 재료

주꾸미 400g
소금 2큰술
밀가루 3큰술
대파 50g
청양고추 2개
홍고추 1개
쪽파 20g
식용유 2큰술

양념 재료

고춧가루·양조간장 2큰술씩
고추장·설탕·맛술 1큰술씩
다진 마늘·깨소금 1큰술씩
후춧가루 톡톡
통깨 약간

만드는 법

1 주꾸미는 소금과 밀가루를 뿌려 주물러 여러 번 찬물에 헹군 후 대가리의 막을 끊고 뒤집어 내장을 잘라내고 다리 사이에 있는 입을 제거한다.
2 끓는 물에 약간의 소금을 넣고 주꾸미를 넣어 살짝 데쳐 찬물에 헹군 후 먹기 좋은 크기로 자른다.
3 대파와 청양고추는 어슷 썰고, 홍고추는 고명용으로 곱게 채 썬다. 쪽파는 송송 썬다.
4 후춧가루와 통깨를 제외한 재료를 섞어 양념을 만든다.
5 프라이팬에 식용유를 두르고 대파를 넣어 볶아 파기름을 만든다.
6 ⑤에 주꾸미와 양념, 청양고추를 넣어 센 불에서 아주 짧게 볶은 후 불을 끄고 후춧가루와 통깨를 뿌린다.
7 주꾸미볶음을 그릇에 담은 뒤 홍고추와 쪽파를 올린다.

당귀장아찌

"향이 좋은 당귀는 주로 쌈채소로 많이 먹지만 슴슴한 간장물에 절여 장아찌로 즐겨도 별미입니다. 반찬으로도 좋고 특히 고기를 먹을 때 곁들이면 맛과 영양상으로도 잘 어우러집니다. 당귀장아찌를 담글 때 당귀는 물에 데치지 않고 간장물에 데쳐야 당귀 고유의 맛과 향이 달아나지 않습니다. 또 당귀는 질긴 줄기 부분부터 양념에 넣어 데쳐야 부드러운 당귀 잎의 질감을 살릴 수 있습니다."

기본 재료

당귀 1kg

절임물 재료

물 400g

양조간장 70g

국간장·식초·소주 50g씩

만드는 법

1 당귀는 줄기의 질긴 부분은 제거하고 물에 2~3회 헹군 뒤 물기를 뺀다.

2 냄비에 식초와 소주를 제외한 절임물 재료를 모두 넣어 끓인 후 당귀의 절반 분량을 넣고 바로 뒤집어 숨이 죽으면 꺼내 소독한 용기에 넣는다. 나머지 당귀 반도 같은 방법으로 데쳐 용기에 담는다.

3 ②의 당귀 데친 절임물에 식초와 소주를 넣고 한소끔 끓여 당귀를 담은 용기에 붓는다. 이때 당귀 잎이 절임물에 푹 잠기도록 눌러주고 절임물이 충분히 식으면 뚜껑을 닫는다.

4 ③의 당귀장아찌는 실온에서 하루 정도 두었다가 냉장 보관한다.

5 3~4일 정도 지나면 당귀장아찌의 절임물을 따라내어 한 번 더 끓여서 한 김 식힌 후 다시 장아찌에 부어 충분히 식으면 뚜껑을 닫아 냉장 보관해가며 먹는다.

죽순초무침

"죽순은 대나무의 땅속줄기에서 나오는 어린순으로 비타민 B_2, 비타민 C와 칼륨이 풍부하게 함유되어 있습니다. 특히 죽순의 칼륨은 체내에 남아 있는 나트륨 배출을 도와 혈압을 낮춰주는 효과가 있습니다. 생죽순은 꺾어서 바로 삶아야 맛이 좋은데 껍질을 벗긴 죽순을 길이로 반 자른 후 쌀뜨물과 된장 또는 소금을 넣고 잠기도록 물을 부어 40~50분 정도 삶아요. 그다음 건져 찬물에 여러 번 헹구고 3~4시간 찬물에 담가둡니다. 이때 물을 여러 번 갈아주는 것이 중요한데 이는 석회질 제거는 물론 죽순의 독성과 아린 맛을 없애기 위해서지요. 또 삶아서 냉동실에 보관해둔 죽순은 뜨거운 물에 다시 데쳐 조리해야 합니다. 해동한다고 내버려두었다가는 실처럼 풀어져버리기 때문입니다."

기본 재료

죽순(삶은 것) 200g

미나리 20g

청고추·홍고추 ½개씩

양념 재료

고춧가루 1½큰술

고추장·설탕 1큰술씩

식초·매실청 2큰술씩

다진 마늘 1작은술

고운 소금·통깨 약간씩

만드는 법

1 죽순은 끓는 물에 살짝 데쳐 찬물에 헹궈 물기를 뺀다.

2 ①의 죽순은 먹기 좋은 크기로 빗살 모양을 살려 썬다.

3 씻어 물기를 제거한 미나리는 4㎝ 길이로 썰고, 청고추와 홍고추는 반으로 갈라 씨를 제거한 뒤 송송 썬다.

4 죽순과 미나리, 청고추, 홍고추 그리고 양념 재료를 넣어 골고루 버무린다. 맛을 보아 신맛과 단맛을 가감한다.

재첩국

"작지만 맛도 좋고 영양도 꽉 찬 재첩은 필수아미노산의 일종인 메티오닌이 풍부하게 함유되어 있습니다. 또한 타우린을 비롯해 비타민 B_{12}, 철, 아연 등도 풍부해 간 건강과 빈혈 예방에 도움이 되는 식재료입니다. 재첩 역시 다른 조개들처럼 해감을 해야 깔끔한 맛이 납니다. 또한 끓일 때 거품처럼 떠오르는 불순물을 제거하는 것이 중요해요. 끓인 국물은 면포에 한 번 거르면 껍데기나 기타 이물질 없이 깔끔한 국물을 사용할 수 있지요."

기본 재료

재첩 1.2kg
소금(해감용) 1큰술
물(해감용) 2ℓ
부추 50g
청양고추 1개
홍고추 ½개
물 1.2ℓ
소금 약간

만드는 법

1 스테인리스 볼에 소금물을 부은 뒤 재첩을 넣고 서늘한 곳에 두어 하룻밤 정도 해감한다.
2 해감한 재첩은 바락바락 문지르면서 깨끗한 물이 나올 때까지 4~5회 정도 물을 바꿔가며 씻는다.
3 냄비에 물 1.2ℓ와 재첩을 넣고 끓기 시작하면 중간 불로 줄여 20분 정도 끓인다. 이때 떠오르는 불순물은 반드시 걷어낸다.
4 삶은 재첩은 살만 건어내고 국물은 면포에 거른다.
5 부추는 씻어 2㎝ 길이로 자르고 청양고추, 홍고추는 씨를 제거한 뒤 다진다.
6 냄비에 면포에 거른 ④의 국물과 재첩살을 넣고 끓으면 부추와 고추를 넣어 한소끔 더 끓여낸다. 맛을 보아 싱거우면 소금으로 간한다.

곰취백김치

"취나물은 당분과 단백질, 칼슘, 인, 철분, 니아신, 비타민 A, 비타민 B_2 등이 풍부하게 함유된 무기질의 보물 창고랍니다. 곰취는 뻣뻣한 줄기를 자르고 흐르는 물에 흔들어 씻어 물기를 말끔하게 털어낸 뒤 백김치를 담그면 맛있게 즐길 수 있습니다. 취는 알칼리성으로 산성인 쌀밥의 소화를 도와주는데, 질긴 줄기를 잘라내고 가닥을 나눈 뒤 여린 취는 살짝 데쳐 나물로 무치고 질긴 취는 볶거나 국을 끓여 먹는 것이 좋습니다. 또한 나물밥을 지어 먹어도 별미지요. 약간 억센 취는 삶아서 김밥에 넣기도 하고 묵나물로 말려두었다가 1년 내내 먹기도 한답니다. 취는 말린 나물도 맛있지만 생으로 먹을 때 더 향긋하고 고소한 맛이 나는데 특히 잎이 크고 향이 진한 곰취는 백김치로 담가 고기와 함께 먹거나 반찬으로 먹기에 좋습니다."

기본 재료

곰취 200g
보리밥 150g
청양고추·홍고추 1개씩
양파 30g
물 100g
배즙 50g

양념 재료

액젓 3큰술
마늘즙 1작은술
생강즙 ½작은술
고추씨 ½작은술
소금 약간

만드는 법

1 곰취는 손질해 깨끗하게 씻어 물기를 털어낸다.
2 믹서에 보리밥과 청양고추, 홍고추, 양파, 물을 넣고 간 뒤 배즙을 섞는다.
3 ②에 소금을 제외한 양념 재료를 넣고 섞은 뒤 맛을 보아 부족하면 소금으로 간한다.
4 김치통에 곰취를 3장 정도 겹쳐 그 위에 ③의 양념을 골고루 바르는 것을 반복한다.
5 ④의 김치통의 뚜껑을 덮어 상온에서 반나절 정도 숙성시킨 후 냉장고에 넣고 먹는다.

토마토고추장장아찌

"토마토고추장장아찌는 토마토를 설탕에 절여 말려 쫄깃하고 달콤하며 강렬한 토마토의 풍미를 즐길 수 있습니다. 토마토만 넉넉하게 말려두면 언제든 쉽게 만들 수 있는 별미지요. 또 영양이 풍부하면서도 간단한 조리만으로 최상의 맛을 내는 토마토 레시피 중 하나입니다. 식품건조기를 이용해 토마토를 말릴 때는 온도와 시간을 맞춰 위아래 위치를 바꿔가며 자주 뒤집어주고 겹치지 않도록 넓게 펼쳐야 골고루 잘 마른답니다."

기본 재료

토마토 500g

백설탕 200g

양념 재료

고추장 1½큰술

고춧가루 1작은술

올리고당 1½큰술

통깨 약간

만드는 법

1 토마토는 씻어 물기를 없애고 꼭지를 제거한 후 8등분으로 썬다.

2 ①의 토마토를 볼에 담고 백설탕을 넣어 고루 섞은 뒤 서늘한 곳에서 3~4시간 재운다.

3 ②의 토마토를 건져 식품건조기에 넣고 50~60℃에서 7시간 정도 건조한다. 식품건조기가 없을 경우 백설탕을 100g 더 넣어 절인 후 상온에서 양면을 뒤집어가며 12시간 이상 건조한다.

4 건조한 토마토에 고추장과 고춧가루를 넣고 버무린 후 올리고당과 통깨를 넣어 다시 한 번 버무려 상에 올린다.

머윗대들깨무침

“봄철에만 맛볼 수 있는 머위는 비타민 A와 칼슘이 풍부하게 들어 있어 골다공증 예방에 도움을 주는 식재료입니다. 머위의 줄기인 머윗대는 늦봄까지 채취가 가능한데 데쳐 냉동 보관하면 장기 보관이 가능한 식재료로 다양한 요리에 활용하여 입맛을 돋우면서 건강까지 챙길 수 있습니다. 입맛이 없고 소화가 잘 되지 않을 때 삶은 머윗대에 들깻가루 등을 넣어 무치면 입맛을 돋울 수 있습니다. 또한 머윗대와 들깻가루, 찹쌀가루를 넣어 죽을 쑤어 먹으면 보양식으로도 손색이 없지요. 다만 머윗대는 그대로 먹으면 쓴맛이 날 수 있으니 소금을 넣고 삶은 후 물을 바꿔가며 찬물에 3~4시간 정도 담가두는 것이 좋습니다.”

기본 재료

머윗대 200g

양파 30g

청고추·홍고추 ½개씩

소금 1작은술

들깨소스 재료

들깻가루 3큰술

국간장 1큰술

맛소금 약간

물 1½작은술

다진 마늘 1작은술

들기름·검은깨 1큰술씩

만드는 법

1 머윗대는 소금을 넣은 끓는 물에 3분 정도 데친 후 건져 찬물에 물을 바꿔가며 3~4시간 정도 담가 쓴맛을 제거한다.

2 머윗대의 껍질을 벗긴 후 3~4㎝ 길이로 자른다.

3 양파는 채 썰고, 청고추와 홍고추는 길이로 반 잘라 씨를 제거한 뒤 송송 썬다.

4 분량대로 재료를 섞어 들깨소스를 만든다.

5 머윗대에 양파와 청고추, 홍고추, 들깨소스를 넣고 살살 버무려 접시에 담는다.

여름에는 원기 회복을 위한 질 좋은 단백질과 신진대사를 원활하게 하는 비타민과 미네랄을 충분히 섭취해야 합니다. 여름 제철 식재료를 이용해 칼로리는 낮지만 체력을 보충하고 체내의 열을 내려 건강에 이로운 여름 김치와 별미 레시피를 담았습니다.

여름

열무물김치

"국물이 넉넉한 열무물김치는 시원한 국물이 일품으로 한 번 맛보면 자꾸만 손이 가는 매력적인 김치 중 하나입니다. 일반 열무김치보다 맵지 않고 시원해 아이들과 외국인들도 좋아할 만하고요. 열무는 풋내가 나기 쉬우므로 절일 때나 씻을 때, 버무릴 때 살살 다루어야 합니다. 열무 뿌리는 국물이 많은 물김치의 맛을 좋게 하니 꼭 넣고 잎의 끝부분은 쓴맛이 나므로 제거한 후 사용해야 합니다."

기본 재료

열무 1단(1.2kg)
물(절임용) 2ℓ
소금(절임용) ⅓컵
쪽파 80g, 양파 ¼개(40g)
물(국물용) 1ℓ

고명 재료

청고추·홍고추 ½개씩

양념 재료 A

청양고추 3개, 새우젓 ⅔큰술
까나리액젓 50㎖
설탕 1큰술, 마른 고추 2개
마늘 7쪽(20g), 생강 5g
배 60g, 양파 ¼개
사과 ½개, 물 ½컵

양념 재료 B

홍고추 4개, 물 ½컵
밀가루풀·쌀밥 3큰술씩
다진 생강 ⅓작은술씩
올리고당 ⅓작은술씩

만드는 법

1. 열무는 뿌리와 줄기를 다듬어 씻고 잎 부분 끝에서 1㎝ 정도 잘라낸 후 5㎝ 길이로 썬다.
2. 물에 소금을 풀어 만든 절임물에 손질한 ①의 열무를 담가 중간에 한 번 뒤집어가며 30분 정도 절인다. 절인 열무는 깨끗한 물에 세 번 정도 씻어 채반에 올려 물기를 뺀다.
3. 손질해 씻은 쪽파는 3㎝ 길이로 썰고, 양파는 가늘게 채 썬다.
4. 고명용 청고추와 홍고추는 송송 썬다.
5. 믹서에 양념 재료 A와 B를 적당한 크기로 썰어 각각 간 뒤 섞어 양념을 만든다.
6. 국물용 물에 ⑤의 양념을 넣고 섞어 간을 본 뒤 싱거우면 소금을, 짜면 물을 추가한다.
7. ②의 열무, ③의 쪽파와 양파를 4회 정도로 나누어 김치통에 번갈아가며 담고 마지막에 ④의 고명 고추를 얹는다.
8. ⑦에 ⑥의 국물을 나누어 붓고 실온에 반나절 두었다가 냉장고에 보관해가며 먹는다.

오이소박이

"고춧가루를 넣지 않고 만들어 국물이 개운하고 아삭아삭 씹히는 맛이 담백한 오이소박이김치는 맵지 않아 남녀노소 누구나 맛있게 먹을 수 있고 화이트 와인과 함께 먹기에도 그만입니다. 소박이는 청오이보다 백오이를 많이 쓰는데 청오이보다 씨는 많지만 맛이 달고 향이 좋기 때문이지요. 소를 넣어야 하는 소박이용 오이는 씨가 많지 않은 것을 선택해야 해요. 오이씨가 많으면 쉽게 물러져 아삭하고 시원한 맛이 없어지므로 너무 크지 않아 씨가 없는 연한 오이로 담그는 것이 좋습니다. 오이는 소금으로 문질러 씻지 말고 흠집이 나지 않도록 식초물에 흔들어 씻어 사용합니다. 오이소박이김치는 익어도 아삭아삭하게 씹히지만 다른 김치에 비해 빨리 시기 때문에 조금씩 자주 담가 먹는 것이 좋습니다."

기본 재료

오이 3개(450g)
식초(세척용) 약간
물(절임용) 30㎖
소금(절임용) ⅔큰술(7g)

김칫소 재료

부추 30g
무·배 50g씩
석이버섯 1장
홍고추 1개

양념 재료

식초·설탕·물 1큰술씩
소금 ½큰술
마늘즙 ½큰술
생강즙 ½작은술
통깨 약간

만드는 법

1 오이는 식초물에 흔들어 씻어 4㎝ 길이로 썬 다음 물에 소금을 녹여 만든 절임물에 10분간 절인다.
2 도마에 오이 지름만큼 간격을 두고 젓가락을 나란히 놓고 그 사이에 오이를 세워 놓는다. 이후 오이에 열십자로 젓가락에 닿을 만큼 칼집을 넣는 다.
3 부추는 1㎝ 길이로 썰고, 무와 배는 1㎝ 길이로 채 썬다. 석이버섯은 가늘게 채 썰고, 홍고추는 씨를 제거한 후 무와 같은 길이로 썬다.
4 양념 재료를 모두 넣고 고루 섞은 뒤 손질한 ③의 재료를 넣고 섞어 소를 완성한다.
5 젓가락을 이용해 ②의 열십자로 자른 부분에 ④의 김칫소를 꼼꼼히 채워 냉장고에 보관해가며 먹는다.

매실김치

“5월 말부터 6월까지 나는 매실은 많은 분들이 청으로 만들어 먹지요. 튼실한 청매실은 청과 분리한 후 매실은 매콤한 김치로 담가 먹으면 별미입니다. 보통 고추장 양념으로 무쳐 먹는 경우가 많은데 양파와 편마늘을 더해 김치를 만들면 흰쌀밥 한 공기는 뚝딱 비워낼 수 있을 만큼 맛있지요. 김치나 장아찌용의 매실은 홍매실보다는 단단한 청매실을 사용해야 식감이 아삭하고 맛이 좋아요. 반면 홍매실은 매실청을 담글 때 사용하면 잘 익은 단맛과 풍부한 향이 나지요. 매실청을 담글 때는 설탕과 함께 소금을 약간 넣으면 매실의 아삭한 식감이 좀 더 살아납니다. 매실김치는 넉넉히 만들어 고기 싸 먹을 때 곁들이면 맛도 잘 어울릴 뿐만 아니라 소화를 도와준답니다.”

기본 재료

청매실 300g
식초(세척용) 약간
설탕(절임용) 200g
소금(절임용) 1큰술
양파 30g
마늘 3쪽

양념 재료

고춧가루 1큰술
고추장 ½큰술
까나리액젓·통깨 ½큰술씩

만드는 법

1 청매실은 식초를 한 방울 떨어뜨려 씻고 여러 번 헹군 뒤 채반에 건져 물기를 뺀다. 이후 너른 곳에 펼쳐 널이 물기를 완전히 말린다.
2 물기가 완전히 마른 매실을 방망이로 쳐 위아래로 쪼개고 씨를 제거한다.
3 씨를 제거한 매실을 통에 담아 설탕과 소금을 넣고 고루 섞은 후 서늘한 곳에 보관한다. 설탕이 완전히 녹으면 냉장고에 넣어 한 달 정도 둔다.
4 절인 매실을 건져 청과 분리한다.
5 양파는 한 겹씩 떼어 사방 1㎝ 크기로 네모지게 썰고 마늘은 편으로 썬다.
6 ④의 매실과 ⑤의 양파, 마늘에 나머지 양념 재료를 모두 넣고 고루 무친다.

잎양파김치

"중장년에게 더없이 좋은 양파로 김치를 담가보세요. 양파의 매운맛은 유화알릴이라는 성분 때문인데 소화액의 분비를 도와 신진대사가 활발해져 우리 몸을 건강하게 만들어줍니다. 또 비타민 B_1의 흡수를 도와줘 돼지고기와 함께 먹었을 때는 맛과 영양의 궁합도 잘 맞지요. 다만 양파의 유화알릴 성분은 가열하면 변하기 때문에 생으로 먹는 것이 좋습니다. 양파김치는 생양파의 영양 성분은 그대로 간직하고 있어 고기 요리에 곁들여 먹기도 좋고 찌개를 끓일 때 양파 대신 넣어도 맛있답니다. 양파는 아이 주먹만 한 크기로 알이 단단하고 모양이 고른 것을 골라야 하는데 푸른 잎이 매달린 양파를 구할 수 있으면 잎째 담그는 것이 더 맛있습니다. 마치 파김치와 양파김치를 동시에 먹는 느낌이지요."

기본 재료

잎양파 1kg

소금(절임용) 50g

물(절임용) ⅓컵

양념 재료

고춧가루 50g

고운 고춧가루 10g

멸치액젓 60g

찹쌀풀 50g

매실청 30g

다진 마늘 10g

생강즙 1작은술

통깨 약간

만드는 법

1 양파는 뿌리 부분을 정리하고 껍질을 벗긴 후 뿌리와 잎을 손질해 씻어 물기를 제거한다.

2 물기를 뺀 양파는 물에 소금을 녹여 만든 절임물에 넣어 중간에 뒤집어가며 1시간 30분 정도 절인다.

3 절인 양파는 물기를 빼고 밑동에 열십자로 칼집을 넣는다.

4 분량대로 재료를 섞어 양념을 만든다.

5 양파의 칼집 사이에 양념이 잘 배어들도록 버무린다.

6 밀폐용기에 양파를 담고 냉장고에서 15일 정도 숙성시킨 후 먹는다.

건새우가지김치

"여름 하면 가장 먼저 떠오르는 채소 중 하나가 가지지요. 가지의 약 92%를 차지하는 수분은 가지에 풍부한 칼륨과 함께 이뇨 작용을 돕습니다. 또한 칼륨은 몸 안의 필요 없는 나트륨을 배출해 고혈압을 예방해주어 중장년에게 이로운 식재료 중 하나예요. 가지를 아주 살짝 쪄 건새우에 양념을 더한 소를 채운 가지김치는 한여름 별미 김치로 으뜸입니다. 칼륨 성분은 혈압을 낮추고 단백질은 혈관을 부드럽게 만들기 때문에 가지와 함께 단백질 식품을 섭취하면 고혈압 예방에 좋습니다. 때문에 단백질이 풍부한 새우는 가지와 궁합이 좋은 식재료 중 하나예요. 건새우가지김치는 한여름 별미 김치로 으뜸인데 이때 주로 가지를 살짝 쪄서 사용하지만 가지의 식감을 고스란히 느끼고 싶다면 찌는 대신 소금물에 오래 절여도 좋습니다."

기본 재료

가지 2개(250g)

소금 약간

쪽파 3줄기

부추·당근 30g씩

양파 ¼개(40g)

양념 재료

고춧가루 1큰술

찹쌀풀·다진 마늘 1큰술씩

까나리액젓·다진 건새우 2큰술씩

만드는 법

1 가지는 꼭지를 잘라내고 4㎝ 길이로 자른다.

2 도마에 가지 지름만큼 간격을 두고 젓가락을 나란히 놓고 그 사이에 가지를 세워 놓는다. 이후 가지에 열십자로 젓가락에 닿을 만큼 칼집을 넣는다.

3 가지를 김이 오르는 찜통에 넣고 소금을 뿌려 2~3분간 찐 다음 얼음물에 담가 재빨리 식힌다.

4 쪽파, 부추는 1㎝ 길이로 썰고 당근, 양파는 다진다.

5 양념 재료와 ④를 고루 섞어 소를 만들어 ③의 가지의 열십자 부분에 속을 채운다.

6 완성된 김치는 밀폐용기에 담아 바로 냉장 보관한 후 하루가 지나면 먹기 시작하고 일주일 안에 소진한다.

콩잎물김치

"콩잎은 주로 가을에 노란 잎으로 장아찌를 만들지만 경상도에서는 초여름에 푸른 어린잎으로 물김치를 담그는데 그 맛이 시원하고 담백해 별미예요. 또한 콩잎 특유의 독특한 향이 이채롭기도 해 본격적인 여름이 되기 전에 한 번쯤 꼭 담가 먹는 물김치입니다. 무엇보다 만들기도 쉽고 청양고추를 넣으면 칼칼한 맛이 더해져 입맛을 돋워주지요. 비타민 C와 풍부한 철분을 함유한 콩잎물김치는 양념을 적게 해야 콩잎 본연의 맛에 집중할 수 있습니다. 또 콩잎물김치에 사용되는 물은 한 번 끓여 식힌 것을 사용하는 것이 위생적이에요. 맛있게 만든 콩잎물김치는 실온에서 하루 정도 삭힌 후 냉장 보관해가며 먹으면 은은한 콩잎 향이 배어나오면서 개운한 맛을 자랑합니다."

기본 재료

콩잎 300g
양파 50g
홍고추 2개

양념 재료

까나리액젓 2큰술
물(끓여 식힌 것) 1ℓ
소금 30g
밀가루풀 200g
양파 50g
청양고추 3개
간 마늘 1큰술
생강즙 1작은술
매실청 2큰술
설탕 1큰술

만드는 법

1 콩잎은 깨끗이 씻어서 물기를 제거한다.
2 양파는 가늘게 채 썰고, 홍고추는 반으로 갈라 씨를 빼고 채 썬다.
3 믹서에 양파와 청양고추, 끓여 식힌 물 200㎖를 넣어 곱게 간 뒤 나머지 양념 재료를 모두 넣어 섞는다.
4 김치통에 ①의 콩잎과 ②의 양파와 홍고추, ③의 양념을 차례대로 켜켜이 올린 뒤 실온에 하루 정도 두었다가 냉장고에 넣어놓고 먹는다.

참외김치

"단맛이 나면서 오이처럼 시원한 맛이 매력적인 참외는 그냥 먹어도 맛있지만 김치로 담가 먹어도 별미예요. 그대로 먹으면 달콤하고 시원하지만 양념을 해서 먹으면 훨씬 개운하고 상큼한 맛이 살아납니다. 손님이 오셨을 때 냉장고에 참외가 있다면 만들어 상에 올려보세요. 모양도 예쁘고 풍부한 향과 맛으로 입맛을 사로잡기에 제격입니다. 참외김치를 만들 때 참외는 껍질째 사용하는데 참외 껍질에는 생각보다 많은 영양분이 들어 있어요. 참외김치를 담글 때는 부추를 함께 넣으면 컬러 포인트도 되고 김치가 빨리 시지 않도록 도와줍니다."

기본 재료

참외 2개
물(절임용) 200㎖
소금(절임용) 2큰술
양파 50g
부추 30g
홍고추 1개

양념 재료

고춧가루 2큰술
매실청 1큰술
새우젓 1½큰술
다진 마늘 1큰술
통깨 약간

만드는 법

1 참외는 베이킹소다를 사용해 깨끗하게 씻은 후 껍질째 반으로 잘라 숟가락을 이용해 씨를 제거한다.
2 물에 소금을 녹여 만든 절임물을 씨를 제거한 참외 속에 넣어 1시간 정도 절인다.
3 절인 참외는 체에 밭쳐 물기를 제거한 후 먹기 좋은 두께로 편으로 썬다.
4 양파와 홍고추는 채 썰고, 부추는 4㎝ 길이로 썬다.
5 양념 재료에 ④의 채소를 넣어 버무린 후 ③의 참외를 넣어 다시 한 번 골고루 버무린다.
6 김치통에 담아 실온에서 2시간 정도 숙성시켜 냉장 보관해가며 먹는다.

고구마줄기김치

"여름에 열무와 함께 김치로 담가 먹기 좋은 고구마줄기는 보리풀을 넣어 김치를 담그면 식감이 아삭하고 구수합니다. 그냥 먹어도 맛있고 밥에 비벼 먹어도 좋아 무더위로 입맛을 잃기 쉬운 여름에 먹기 좋은 별미 중 하나입니다. 고구마줄기는 껍질을 벗기기 어려운 것이 단점인데 소금물에 절였다가 벗기면 훨씬 수월해요. 고구마줄기를 데쳐 김치를 담그기도 하는데 식감이 부드러워 당장 먹기에는 좋지만 쉽게 물러지기 때문에 두고 먹기에는 좋지 않습니다. 또 여름 김치인 고구마줄기김치는 보리로 쑨 풀을 넣어 담그면 숙성 속도가 늦춰져 보다 오랫동안 맛있게 먹을 수 있어요."

기본 재료

고구마줄기 300g
물(절임용) 2컵
소금(절임용) 30g
쪽파 30g
홍고추 1개

양념 재료

고춧가루 2½큰술
멸치액젓 2큰술
다진 마늘 1큰술
다진 생강 1작은술
매실액 2큰술
보리풀(또는 밀가루풀) ⅓컵
고추씨·통깨 약간씩

만드는 법

1 물에 소금을 녹여 만든 절임물에 고구마줄기를 넣어 중간에 뒤집어가며 30분간 절인다.
2 절인 고구마줄기는 껍질을 벗겨 먹기 좋은 길이로 썬다.
3 쪽파는 4㎝ 길이로 썰고, 홍고추는 채 썬다.
4 분량대로 재료를 섞어 양념을 만들고 ②의 고구마줄기와 ③의 쪽파, 홍고추를 넣어 골고루 버무린다.

오이알배추물김치

"오이알배추물김치는 오이와 고추, 배추가 잘 어우러져 시원한 맛이 나는 김치로 다른 김치에 비해 국물이 자작하고 건더기가 많아 삼삼하게 즐길 수 있습니다. 홍고추와 녹색의 오이고추, 오이, 노란 알배추가 어우러져 색도 참 곱답니다. 칼칼한 맛으로 입맛을 돋우고 싶을 때는 홍고추나 오이고추를 한 개 정도 빼고 청양고추로 대신해보세요. 또 국물의 맛을 좌우하는 오이는 너무 굵거나 흰 것은 피하고 무르지 않은 맛있는 것으로 선택하는 것이 중요합니다."

기본 재료

오이 2개, 알배추 300g

물(절임용) 300㎖

소금(절임용) 2큰술

오이고추 3개

홍고추 2개

마늘 5쪽

국물 재료

무 100g, 양파 ½개

배 50g, 홍고추 3개

물 300㎖

고운 고춧가루 1큰술

생강즙 1작은술

설탕 1½큰술

소금 ½큰술

까나리 액젓 1큰술

밀가루풀 100㎖

만드는 법

1 통에 물을 붓고 소금 분량의 절반을 넣어 녹인 뒤 알배추 잎 사이사이에 절임물을 끼얹고 알배추 줄기 부분에 남은 소금을 켜켜이 뿌려 1시간 정도 절여 맑은 물에 헹궈 물기를 뺀다.

2 오이는 반으로 갈라 씨를 제거한 후 알배추 길이에 맞춰 스틱 모양으로 썬다.

3 오이고추와 홍고추는 반으로 갈라 씨를 제거한다. 큰 것은 길이로 3등분한다.

4 국물 재료 중 고운 고춧가루는 면포에 넣고 물에 담가 손으로 주물러 고춧가루물을 만든다.

5 믹서에 ④의 고춧가루물과 무, 양파, 배, 홍고추를 넣고 곱게 간 뒤 생강즙, 설탕, 소금, 까나리액젓, 밀가루풀을 넣고 섞어 국물을 만든다.

6 김치통에 오이, 알배추, 오이고추, 홍고추, 편으로 썬 마늘을 넣고 ⑤의 국물을 붓는다.

청양고추열무김치

"청양고추를 갈아 넣은 열무김치는 칼칼한 맛이 일품으로 열무와 고추의 맛이 어우러져 늦더위에 지친 입맛을 살리기에 제격이지요. 국물이 반지김치처럼 넉넉하고 푸르른 색감이 아름다우며 오이고추와 홍고추를 예쁘게 썰어 넣으면 식탁에 미감을 더하기도 좋습니다. 집에 귀한 손님이 오실 때 이 청양고추열무김치를 상에 내면 고운 색과 개운한 맛에 반해 칭찬을 많이 해주시곤 했어요. 열무는 자르지 않고 그대로 김치를 담갔다가 먹기 직전에 썰면 풋내가 나지 않습니다. 또 오이고추와 홍고추를 길이로 길게 잘라 넣으면 훨씬 보기가 좋습니다. 너무 매운 것이 싫다면 양념에 청양고추 대신 적당히 매운 풋고추를 사용해도 됩니다."

기본 재료

열무 1단(1.2kg)

소금(절임용) ⅔컵

물(절임용) 500㎖

홍고추 2개

오이고추 5개

양념 재료 A

찹쌀풀 100㎖

매실청·멸치액젓 2큰술씩

설탕 1큰술

소금·고추씨 약간씩

양념 재료 B

청양고추 7개

양파 ½개

무·배 100g씩

마늘 12쪽

생강 10g

새우젓 2큰술

만드는 법

1 열무는 손질해 씻어 물기를 제거한다.

2 ①의 열무에 소금을 켜켜이 뿌리고 물 500㎖를 부은 후 20분 정도 지나면 뒤집어 다시 20분 정도 절인다.

3 ②의 열무를 두 번 정도 씻은 후 채반에 올려 물기를 뺀다.

4 홍고추와 오이고추는 반으로 갈라 길이로 이등분한다.

5 믹서에 양념 B 재료를 넣고 곱게 갈아 양념 A와 섞는다.

6 ③의 열무와 ④의 홍고추, 오이고추에 ⑤의 양념을 넣고 골고루 버무린다.

7 김치통에 김치를 담고 반나절이나 하루 정도 숙성시켜 먹는다.

상추물김치

"그냥 먹어도 맛있지만 국수나 냉면으로 시원하게 먹기 좋은 상추물김치는 노지 상추가 거의 끝나가는 늦여름이나 초가을에 즐겨 먹습니다. 상추에 대가 생기고 꽃이 피면 쌈으로 먹기엔 맛이 없지만 이렇게 김치로 담가 먹으면 별미여서 식재료가 귀했던 시절엔 상추로 김치를 많이 담가 먹었지요. 여름 배추는 물도 많고 맛이 없어 오히려 상추로 김치를 담그면 재료비도 저렴하고 맛있게 즐길 수 있습니다. 상추물김치를 담글 때는 상추를 소금에 절이지 않기 때문에 시간이 갈수록 상추에서 물이 나와 김치의 간이 싱거워질 수 있습니다. 그래서 갓 담갔을 때는 조금 세다 싶을 정도로 간을 하는 것이 좋습니다."

기본 재료

상추 400g

쪽파 30g

양파 70g

청양고추 2개

홍고추 1개

고춧가루·까나리액젓 2큰술씩

소금 약간

국물 재료

양파 ½개

마늘 10쪽

생강 10g

밀가루풀 200g

물 1ℓ

만드는 법

1 상추는 식초물에 5분 정도 담갔다 꺼내 흐르는 물에 가볍게 씻어 물기를 털어낸다.

2 양파는 채 썰고, 쪽파는 4㎝ 길이로 썬다. 청양고추와 홍고추도 쪽파 길이로 채 썬다.

3 믹서에 물을 제외한 국물 재료를 넣고 곱게 간다.

4 면포에 곱게 간 ③을 넣고 물을 부어가며 손으로 주물러 국물을 만들고 고춧가루와 액젓을 넣은 뒤 소금으로 간을 맞춘다.

5 김치통에 손질한 상추를 넣고 ④의 국물을 부은 뒤 ②의 양파, 쪽파, 고추를 올려 하루 정도 숙성시켜 먹는다.

노각무침

"오이는 우리 몸의 열을 내리고 비타민과 미네랄을 보충해주는 대표 여름 채소입니다. 특히나 늙은 오이인 노각을 무침으로 만들면 아작한 식감과 매콤하면서도 새콤달콤한 맛으로 입맛을 돋우기 좋습니다. 노각무침은 여름철 밥반찬은 물론 비빔국수를 만들어 먹기에도 좋습니다. 오독오독한 특유의 식감이 별미인데 소금에 절인 후 물기를 꼭 짜야 이 식감을 제대로 즐길 수 있어요. 소금은 물론 설탕을 함께 넣어 절이면 오독한 식감을 살리고 간이 잘 배어들어 더욱 맛있게 먹을 수 있습니다."

기본 재료

노각 1kg

소금(절임용) 1큰술

설탕(절임용) 2큰술

쪽파 1줄기

청양고추·홍고추 1개씩

양념 재료

고춧가루·고추장 1큰술씩

식초·다진 마늘 1큰술씩

매실청·통깨 1큰술씩

소금 적당량

만드는 법

1 노각은 필러로 껍질을 벗긴 후 반으로 갈라 숟가락으로 씨를 제거한다.

2 씨를 제거한 노각은 모양대로 0.3㎝ 두께로 썰어 소금과 설탕을 넣어 골고루 섞은 후 15~20분 정도 절였다가 물기를 꼭 짠다.

3 쪽파는 송송 썰고, 청양고추는 반으로 갈라 씨를 제거한 후 잘게 다진다. 홍고추는 반으로 갈라 씨를 제거한 후 송송 썬다.

4 볼에 양념 재료를 모두 넣어 고루 섞고 노각과 청양고추, 홍고추를 넣어 조물조물 무친 뒤 싱거우면 소금으로 간을 맞춘다.

파프리카소박이

“색색이 고운 파프리카소박이는 특별한 초대상에도 잘 어울리는 별미 김치 중 하나입니다. 작고 귀여운 오이파프리카의 속을 파고 오이소박이의 소를 넣어 만드는데 아삭한 식감이 일품이지요. 파프리카는 작은 오이 모양으로 선택해 속의 씨와 태자 부분을 제거하고 통으로 사용하거나 길이로 반 갈라 소를 채워 넣으면 됩니다. 오이소박이처럼 부추와 무를 넣어 양념한 소로 파프리카 안을 채우면 되는데 만들자마자 먹어도 맛있고 살짝 익혀서 먹어도 별미랍니다.”

기본 재료

파프리카 400g

부추 150g

양파 100g

양념 재료

고춧가루 100g

다진 마늘 2큰술

다진 생강 1작은술

멸치액젓 3큰술

매실청 2큰술

통깨 1큰술

만드는 법

1 파프리카는 색색으로 준비해 깨끗하게 씻어 밑동 부분을 잘라낸 뒤 씨와 속을 제거한다.

2 다듬어 손질한 부추는 1㎝ 길이로 썰고, 양파도 채 썰어 1㎝ 길이로 썬다.

3 볼에 양념 재료를 넣고 섞은 뒤 부추와 양파를 넣어 고루 섞어 소를 만든다.

4 손질해둔 ①의 파프리카에 ③의 소로 속을 채우고 먹기 좋은 크기로 어슷하게 썰어 그릇에 담는다.

비름나물된장무침

"장수식품이라고도 하는 비름나물은 칼슘과 철분이 다른 채소에 비해 월등히 풍부해 빈혈 예방과 뼈를 강화하는 데 도움을 줍니다. 그래서 어린이, 여성, 노인들에게 추천하는 채소 중 하나입니다. 또한 여름철 저칼로리 보양식으로 즐기기 좋은 채소이기도 해요. 비름나물은 보통 데친 후 고추장, 된장과 같은 장류에 버무려 먹으면 입맛을 돋우기에 좋습니다. 또 비름나물을 무쳐 주먹밥을 만들고 된장소스를 조금 올리면 아이들도 맛있게 즐길 수 있어요."

기본 재료

비름나물(손질한 것) 300g

소금 1큰술

양념 재료

된장·고추장 1½큰술씩

소금 약간

간 마늘 1½큰술

매실청 2큰술

대파 30g

참기름·깨소금 2큰술씩

청양고추 약간

만드는 법

1 다듬어 씻은 비름나물은 끓는 물에 소금을 넣고 줄기 쪽부터 물에 넣어 데친 후 찬물에 3~4회 헹궈 물기를 짠다.

2 양념 재료의 대파와 청양고추는 송송 다진다.

3 볼에 참기름과 깨소금을 제외한 양념 재료를 넣어 섞은 후 물기를 짠 ①의 비름나물을 넣어 조물조물 무친다.

4 ③에 참기름과 깨소금을 넣고 다시 한 번 버무려 그릇에 담는다.

장어덮밥

"고단백 식품인 장어는 여름 대표 보양식으로 비타민 A, B, C가 풍부하여 피부 미용, 피로 해소, 노화 방지, 스태미나 증강에 좋습니다. 특히 불포화지방산이 많아 콜레스테롤 수치를 낮춰주며 칼슘 함량도 매우 풍부하답니다. 장어덮밥은 달콤하고 짭짤한 소스를 더해 구운 장어를 밥 위에 올려 먹는 별미로 남녀노소 누구나 좋아할 만한 메뉴입니다. 장어덮밥의 밥은 양념에 비벼 먹을 수 있도록 고슬고슬하게 짓는 것이 좋습니다. 또한 장어는 밀가루 등을 묻혀 씻어야 비린내가 나는 점액질을 깨끗하게 제거할 수 있습니다."

기본 재료

장어 2마리(500~600g)
생강(채 썬 것) 적당량
쪽파 3줄기
밥 2공기
달걀 2개
레몬 슬라이스 4쪽
식용유 약간

소스 재료

대파 20㎝
다시마 1조각
물 150㎖
양조간장 3큰술
쯔유(또는 참치액) 1큰술
맛술 2큰술
올리고당(또는 물엿) 3큰술
생강 1톨

만드는 법

1. 장어는 밀가루를 뿌려 지느러미의 미끈한 점액질을 제거하고 종이타월로 꼭꼭 눌러 수분을 제거한다.
2. 수분을 제거한 장어는 양면에 격자무늬로 칼집을 낸다.
3. 달걀은 노른자와 흰자를 분리해 황백지단을 부쳐 곱게 채 썬다.
4. 쪽파는 송송 썬다.
5. 소스 재료의 대파는 향이 나게 직화로 노릇하게 굽는다. 냄비에 물을 붓고 다시마를 넣어 끓기 시작하면 생강을 편으로 썰어 넣고 구운 대파를 비롯한 나머지 재료를 넣어 10분 정도 조려 소스를 만든다.
6. 팬에 식용유를 살짝 두르고 손질한 ②의 장어를 껍질 부분이 바닥에 닿도록 올려 주걱으로 눌러가며 양면을 굽는다.
7. 장어가 3분의 2 정도 구워지면 약한 불로 줄이고 ⑤의 소스 국물만 부어 양면을 자주 뒤집어가며 타지 않게 노릇하게 굽는다.
8. 그릇에 밥을 깔고 ⑤의 소스를 골고루 뿌린 뒤 구운 장어를 올리고 생강채와 달걀지단, 레몬을 올려 상에 낸다.

다슬기아욱국

"다슬기아욱국은 된장을 풀어 끓이고 취향에 따라 칼칼한 고추를 썰어 넣으면 여름철 입맛을 돋우기에 더없이 좋습니다. 다슬기는 손질이 중요한데 특유의 끈적거리는 점액질을 깨끗하게 없애야 합니다. 또 다슬기를 너무 오래 삶으면 살을 발라내기 힘드니 다슬기를 넣고 국물이 끓기 시작하면 3분 정도만 삶습니다. 다슬기를 삶을 때는 된장을 살짝 풀어야 특유의 비린내를 잡을 수 있고 이 삶은 국물을 육수로 활용해 국을 끓이면 진한 다슬기 향을 느낄 수 있습니다. 그리고 함께 넣는 아욱은 적당히 잘라 손으로 조물조물 씻어 풋내와 아린 맛을 제거하는 것이 중요합니다."

기본 재료

다슬기(껍데기 제거한 것) 300g
물 1.2ℓ
된장 1큰술
다시마 1조각
아욱 200g
부추 한 줌
청양고추 1개
대파 40g
밀가루 1큰술
다진 마늘·고춧가루 1큰술씩

만드는 법

1 껍데기가 있는 다슬기는 바락바락 문질러 물을 교체해가며 여러 번 씻는다.
2 깨끗하게 씻은 다슬기에 물 1.2ℓ를 부어 반나절 이상 물을 수시로 바꿔가며 해감한다.
3 냄비에 물을 붓고 된장을 푼 뒤 해감한 다슬기와 다시마를 넣고 끓기 시작하면 저어가며 3분 정도 삶는다.
4 ③의 다슬기를 체망에 건져 꼬치를 이용해 다슬기살을 빼고 육수는 국을 끓일 때 사용할 수 있도록 따로 둔다.
5 아욱은 다듬어 문질러 씻어 아린 맛과 풋내를 제거한다.
6 부추는 4㎝ 길이로 썰고, 청양고추와 대파는 송송 썬다.
7 냄비에 ④의 다슬기 육수 1ℓ를 붓고 끓기 시작하면 아욱과 대파, 다진 마늘, 청양고추, 고춧가루를 넣고 한소끔 끓인다.
8 ⑦에 밀가루옷을 입힌 다슬기와 부추를 넣고 다시 한소끔 끓인 후 불을 끈다.

깻잎순볶음

"깻잎은 폴리페놀과 오메가-3 지방산 함유량이 높을 뿐 아니라 독특한 향이 있어 입맛을 돋우기에 좋은 식재료 중 하나입니다. 깻잎순과 고사리와 같이 나물 본연의 맛과 향이 있는 재료는 국간장으로 간을 하는 것이 좋습니다. 깻잎순을 삶아 간장, 다진 마늘로 간을 한 뒤 들기름에 볶아 들깻가루를 뿌리면 구수한 향이 일품입니다. 칼칼한 맛을 더하고 싶다면 청양고추를 더해도 좋습니다."

기본 재료

깻잎순 200g
소금 1큰술
물 1.5ℓ

양념 재료

국간장 1½큰술
멸치액젓 ½큰술
쪽파 5줄기
물 3큰술
매실액 1큰술
다진 마늘 1½큰술
들깻가루 3큰술
들기름 2큰술

만드는 법

1 깻잎순은 억센 줄기는 떼어내고 먹기 좋게 손질한 후 깨끗하게 씻어 물기를 제거한다.
2 끓는 물에 소금을 넣고 ①의 깻잎순을 넣어 물이 끓기 시작하면 꺼내 찬물에 재빨리 헹군 뒤 물기를 제거한다.
3 데친 깻잎순은 먹기 좋은 크기로 자르고 뭉친 곳은 풀어 국간장, 멸치액젓, 다진 마늘, 매실액을 넣어 조물조물 무친다.
4 달군 팬에 들기름을 두르고 ③의 깻잎순을 넣어 1분 정도 볶다가 물과 들깻가루를 넣고 수분이 없어질 정도로 볶은 후 송송 썬 쪽파를 넣고 섞어 그릇에 담는다.

콩가루꽈리고추찜

“꽈리고추는 사계절 마트에서 구할 수 있지만 여름에는 그 향이 더욱 풍부해지고 식감이 아삭해 다양한 요리에 활용할 수 있습니다. 제 어린 시절 즐겨 먹었던 추억의 반찬 중 하나인 콩가루꽈리고추찜은 특히 어르신들이 좋아하시지요. 꽈리고추는 씻은 뒤 꼭지를 따야 맵고 아삭한 맛이 납니다. 또 물기가 없어 꽈리고추에 콩가루가 잘 묻지 않을 때는 분무기로 물을 살짝 뿌린 후 묻히면 됩니다.”

기본 재료

꽈리고추 200g

밀가루 1큰술

콩가루 2큰술

양념 재료

고춧가루 1½큰술

간장 1½큰술

액젓 ½큰술

다진 마늘 1큰술

스테비아(또는 설탕) ½큰술

쪽파 30g

참기름·통깨 1큰술씩

만드는 법

1 꽈리고추는 깨끗하게 씻어 꼭지를 따고 물기를 뺀다.

2 손질한 고추는 볼에 담고 밀가루와 콩가루를 넣어 가루가 뭉치지 않도록 무친다.

3 김이 오르는 찜기에 ②의 꽈리고추를 올린 뒤 뚜껑을 덮고 8~10분 정도 찐다.

4 양념에 들어가는 쪽파는 송송 썰어둔다.

5 ③의 꽈리고추를 한 김 식힌 뒤 양념 재료를 모두 넣어 고루 무친다.

녹두삼계탕

"삼계탕은 여름을 지내느라 축난 체력을 회복시키는 대표 메뉴 중 하나입니다. 인삼과 찹쌀, 대추 등을 닭의 배 속에 넣고 실로 꿰매 푹 고은 보양식이지요. 녹두는 찬 성질로 따뜻한 성질의 닭과 영양 궁합이 잘 맞을뿐더러 삼계탕에 넣으면 담백하면서도 구수한 맛을 더해줍니다. 삼계탕을 끓일 때는 닭을 깨끗하게 손질한 후 센 불에서 팔팔 끓이다가 닭살이 뽀얗게 익으면 중간 불로 줄여 속까지 충분히 익도록 끓이면 됩니다. 또한 중간 불로 줄이기 전까지는 뚜껑을 열고 끓여야 닭의 누린내가 휘발되어 삼계탕과 백숙의 국물을 맛있게 먹을 수 있습니다."

기본 재료

닭 1마리(700~800g)
불린 찹쌀 50g
불린 녹두 100g
삼계탕용 약재 1봉
수삼 2뿌리
대추 7개
마늘 10쪽
양파 ½개
대파 100g
물 1.7ℓ

만드는 법

1 닭은 핏물이 고여 있는 닭 날개 부분과 기름기가 많은 꽁지 부분은 잘라내고 속까지 깨끗하게 세척한 후 종이타월로 꾹꾹 눌러 물기를 제거한다.
2 손질한 닭 안에 불린 찹쌀과 녹두, 대추 2개와 마늘 2쪽을 넣고 다리를 엇갈리게 꼬아 풀어지지 않도록 실로 묶는다.
3 냄비에 ②의 닭을 넣고 닭이 잠길 정도로 물을 부은 뒤 약재와 뇌두를 제거한 수삼, 양파, 대파를 통째로 넣고 센 불에서 뚜껑을 열고 끓인다.
4 삼계탕이 한소끔 끓으면 불순물과 기름을 국자로 걷어내고 중간 불로 줄여 뚜껑을 닫고 50분에서 1시간 정도 더 끓인다. 이때 남은 대추와 마늘은 불을 끄기 15분 전에 넣어 국물이 탁해지지 않도록 한다.
5 삼계탕 국물의 색이 뽀얗게 되면 약재와 양파, 대파를 빼내고 불을 끈 다음 소금과 후춧가루, 청양고추, 매콤장 등을 곁들여 상에 낸다.

알감자고추장조림

“감자는 대표적인 탄수화물 식품이지만 단백질은 물론 미네랄과 비타민이 풍부하게 들어 있습니다. 다만 감자는 껍질을 벗기거나 잘게 썰어 익히면 비타민의 절반 정도가 빠져나가버립니다. 감자 껍질에는 철분과 칼슘 또한 풍부하기 때문에 껍질째 조리해 섭취하는 것이 좋습니다. 그런 의미에서 껍질째 조리하는 알감자고추장조림은 감자의 영양을 고스란히 담을 수 있는 음식 중 하나입니다. 알감자고추장조림을 만들 때 감자는 처음부터 조림물에 넣고 삶아야 합니다. 물이 끓은 후에 감자를 넣으면 속까지 익는 데 더 많은 시간이 걸리고 바깥쪽의 전분 보호막이 파괴되어 영양소가 빠져나가기 때문입니다.”

기본 재료

알감자 500g
소금 ½큰술
식초 30㎖

양념 재료

물 500㎖
간장 100㎖
고추장 1큰술
조청 2큰술
황설탕 1½큰술
식용유 ½큰술
참기름 · 통깨 1큰술씩

만드는 법

1 알감자는 껍질에 묻어 있는 흙과 이물질을 깨끗하게 씻어 물기를 제거한다.
2 냄비에 씻은 알감자를 넣고 감자가 잠길 정도로 물을 부은 뒤 소금과 식초를 넣고 2분 정도 데친 후 물을 따라 버린다.
3 참기름, 통깨, 황설탕 ½큰술을 제외한 모든 양념 재료를 ②의 냄비에 넣고 중간 불에서 끓이다가 조림물이 반으로 줄면 감자를 위아래로 뒤집어가면서 졸인다.
4 조림물이 보글보글 거품이 일어나면 남은 황설탕을 넣고 뒤섞은 뒤 참기름과 통깨를 넣어 다시 한 번 섞은 후 불을 끈다.

건새우근댓국

"근대는 다이어트에 효과적인 식품 중 하나로 식이섬유가 풍부할 뿐만 아니라 무기질도 풍부해 소화 기능과 혈액순환을 원활하게 해줍니다. 또한 비타민 A는 물론 필수아미노산 역시 풍부해 남녀노소 누구에게나 추천하고 싶은 식재료입니다. 다만 단백질 함량이 적기 때문에 건새우를 넣어 근댓국을 끓이면 영양은 물론 맛 궁합도 잘 맞습니다. 근대는 잎이 너무 크면 질기고 풋내가 나므로 손바닥만 한 크기를 선택하는 것이 좋습니다. 근대는 깨끗하게 씻어 잎과 줄기를 분리한 뒤 질긴 줄기 부분을 먼저 익히고 여린 잎은 마지막에 넣습니다. 또한 근대를 조리할 때는 뚜껑을 열어놓은 채 끓는 물에 살짝 데친 후 사용하면 질긴 식감과 풋내를 줄이고 수산 성분을 제거할 수 있습니다."

기본 재료

근대 250g

보리새우 20g

청양고추 1개

홍고추 ½개

양념 재료

된장 2큰술

다진 마늘 1큰술

대파 20g

다시마국물 1ℓ

국간장 1작은술

만드는 법

1 근대는 깨끗하게 씻어 먹기 좋은 크기로 자른다.

2 청양고추와 홍고추는 어슷 썬다.

3 냄비에 다시마국물을 넣고 된장을 푼 후 보리새우를 넣고 끓인다.

4 ③에 썰어놓은 근대의 줄기 부분부터 넣고 끓이다가 줄기 부분이 익으면 근대의 잎 부분과 청양고추, 홍고추를 넣어 한소끔 끓인다.

5 근대 잎이 익으면 국간장과 대파, 다진 마늘을 넣어 한소끔 더 끓인 뒤 불을 끈다.

토마토해초샐러드

"여름이 되면 그 어느 때보다 맛이 좋은 토마토에 해초를 곁들여 샐러드를 만들어보세요. 토마토의 달콤함과 해초 특유의 식감이 어우러지면서 입맛을 돋워줍니다. 샐러드에 들어가는 해초는 끓는 물에 살짝 데쳐야 특유의 비린내가 제거되고 식감도 훨씬 좋아집니다."

기본 재료

토마토 100g

모둠해초 150g

빨강·노랑 파프리카 20g씩

드레싱 재료

청양고추 2개

식초·설탕·매실액 3큰술씩

간장·올리브유 1큰술씩

참기름 1작은술

만드는 법

1 토마토는 씻어 물기를 제거한 후 먹기 좋은 크기로 썬다.

2 모둠해초는 깨끗하게 씻어 끓는 물에 살짝 데친 후 찬물에 헹궈 물기를 제거한다.

3 파프리카는 채 썰고, 드레싱 재료의 청양고추는 반으로 갈라 씨를 제거한 후 송송 썬다.

4 토마토를 그릇에 둘러 담고 가운데 빈 부분에 해초와 파프리카를 올린 후 해초 위에 재료를 섞어 만든 드레싱을 뿌려 상에 낸다.

효종갱

"효종갱(새벽曉, 쇠북鍾, 국羹)은 배추속대와 버섯, 고기, 해산물 등을 넣고 된장을 풀어 끓인 국입니다. 조선시대 통행금지 해제를 알리는 종이 울릴 때쯤 사대문 안으로 배달되었다고 해 유래한 이름이지요. 단백질이 풍부하고 국물 또한 시원한 효종갱은 양반들의 해장국이었다고 합니다. 요즘은 복날 삼계탕 대신 즐기기 좋은 메뉴입니다. 효종갱에 들어가는 갈비는 핏물을 제대로 빼고 끓인 뒤 식혀 육수 기름을 걷어내고 사용하면 훨씬 국물이 시원하고 깔끔합니다. 또 새우와 전복은 오래 끓이면 질겨지니 채소와 함께 넣고 10분 정도만 끓이는 것이 좋습니다."

기본 재료

소갈비 1kg
생수 6ℓ, 전복 10개
새우 20마리, 표고버섯 70g
느타리버섯 50g
대파 100g
배추속대 100g
콩나물 100g
대추 20개, 인삼 120g

육수 재료

무 100g, 양파 ½개
대파 50g, 통마늘 5g
생강 2g, 통후추 3g

양념 재료

국간장 5큰술
소금 2큰술
후춧가루 약간

만드는 법

1 갈비는 물을 갈아가며 찬물에 1시간 이상 담가 핏물을 제거한다.
2 냄비에 물 3ℓ를 붓고 끓으면 갈비를 넣고 끓어오르면 불을 끄고 흐르는 물에 깨끗하게 씻는다.
3 냄비에 ②의 갈비와 물 6ℓ를 붓고 육수 재료를 망에 넣어 센 불에서 30~40분 정도 거품을 걷어가며 끓이다 중약 불로 줄여 20~30분 더 끓인 뒤 망을 꺼낸다.
4 대파는 4㎝ 길이로 편으로 썰고, 배추속대는 나박하게 썬다. 표고버섯은 도톰하게 편으로 썰고, 느타리버섯은 먹기 좋은 크기로 찢어놓고 콩나물은 씻어 물기를 제거한다.
5 대추는 꼭지를 제거해 씻고, 인삼은 너무 크지 않은 것으로 준비하되 크면 길이로 반 썬다.
6 냄비에 ③의 갈비와 육수를 붓고 손질한 전복과 새우, 표고버섯, 느타리버섯, 대파, 배추속대, 콩나물, 대추, 인삼을 넣고 10분 정도 끓인다.
7 효종갱을 국간장과 소금, 후춧가루로 간해 상에 낸다.

가지구이

"여름이면 싸고 맛있는 가지로 다양한 요리가 가능합니다. 석쇠나 그릴팬을 달구어 도톰하게 썬 가지를 구우면 줄무늬가 생겨서 별것 아닌데도 근사해 보이는 효과를 줍니다. 수분이 날아가고 간이 배면 버섯처럼 쫄깃한 구운 가지는 양념장만 곁들이면 남녀노소 누구나 좋아하는 요리랍니다. 가지의 조직은 스펀지 상태로 이루어져 기름을 잘 흡수하므로 식물성 기름으로 요리할 경우 리놀렌산과 비타민 E를 많이 섭취할 수 있습니다. 기름과 함께 조리한 가지는 지방질을 잘 흡수하고 혈관 내 노폐물을 배설하며 콜레스테롤 수치를 낮추는 효과가 있습니다."

기본 재료

가지 4개

올리브유 2큰술

양념장 재료

간장 4큰술

맛술 1½큰술

매실청 1큰술

고춧가루 1½큰술

청양고추 · 홍고추 1개씩

쪽파 5줄기

다진 마늘 1큰술

참기름 · 통깨 2큰술씩

만드는 법

1. 가지를 씻어 꼭지 부분을 잘라내고 길이로 반 자른다.
2. 프라이팬에 올리브유를 두르고 가지를 올려 약한 불에서 양면을 노릇하게 굽는다.
3. 양념 재료 중 청양고추와 홍고추는 반으로 잘라 씨를 제거한 후 송송 썬다. 쪽파도 손질해 송송 썬다.
4. 분량대로 재료를 섞어 양념장을 만든다.
5. 구운 가지는 먹기 직전에 가운데에 길게 칼집을 넣어 양념장을 채운 후 상에 낸다.

호박잎쌈과 우렁강된장

"쌈밥은 여름 채소를 풍부히 섭취할 수 있고 곁들이는 강된장에 멸치나 새우를 다량 갈아 넣거나 우렁이, 오징어, 새우와 같은 해물을 듬뿍 다져 넣으면 단백질까지 보충할 수 있는 메뉴입니다. 비타민과 섬유질이 풍부한 제철 쌈채소에 각종 양념을 넣어 만든 별미 쌈장, 여기에 원기를 북돋울 수 있는 부재료를 곁들이면 보양식이 부럽지 않습니다. 호박잎은 손질이 중요한데 뒷면의 까슬까슬한 부분을 깨끗하게 벗겨내야 식감이 좋습니다. 또 찔 때는 가운데 부분이 덜 익을 수 있으니 찌는 중간에 위치를 바꿔줘야 합니다. 이와 함께 강된장에 들어가는 우렁이는 밀가루와 소금을 넣어 치댄 후 씻어야 이물질과 비린내가 깨끗하게 제거됩니다."

기본 재료

호박잎 1단

식초 2큰술

물 500㎖

강된장 재료

우렁이(깐 것) 100g

밀가루 2큰술

소금 ½큰술

양파·대파·새송이버섯 30g씩

청양고추·홍고추 2개씩

호박 30g

멸치육수 70㎖

찹쌀물(찹쌀 1:물 2) 3큰술

양념 재료

된장 2큰술

고추장·다진 마늘 1큰술씩

고춧가루·매실청 1큰술씩

맛술·들기름 1큰술씩

만드는 법

1 호박잎은 줄기 부분을 톡 분질러 뒷면의 까슬한 껍질을 잡아당겨 벗긴다.

2 물에 식초를 넣고 ①의 호박잎을 5분 정도 담갔다 건져 깨끗한 물에 여러 번 헹군 후 물기를 제거한다.

3 찜기에 물을 붓고 김이 오르면 호박잎을 올려 7~10분 정도 찐다.

4 강된장 재료인 우렁이는 밀가루와 소금을 넣고 치댄 후 깨끗한 물에 여러 번 씻어 이물질과 비린내를 제거한다.

5 양파와 호박, 새송이버섯은 작은 크기로 네모지게 썰고 대파와 고추는 송송 썰어둔다.

6 팬에 들기름을 두르고 다진 마늘과 대파를 넣어 향을 낸 뒤 썰어둔 채소를 모두 넣어 볶는다.

7 ⑥의 채소가 반쯤 익으면 남은 양념을 모두 넣고 저어가며 볶는다.

8 ⑦에 멸치육수를 붓고 우렁이를 넣고 섞어 바글바글 끓이다가 찹쌀물을 넣어 한소끔 더 끓인 뒤 불을 끈다.

서늘한 바람이 불기 시작하는 가을은 여름내 잃었던 입맛과 원기를 찾기에 좋을 때입니다. 산·들·바다에 이르기까지 다양한 식재료가 풍성하게 나 밥상을 더욱 풍요롭게 만들어주는 계절이기도 합니다.

가을

연근물김치

"비타민 C가 풍부하고 비타민 B_1, B_2도 들어 있어 피로 해소, 구내염과 거친 피부 개선 등에 효과적인 연근은 체력 향상에도 도움이 됩니다. 이런 연근으로 담근 물김치는 가을철 보양식처럼 먹기에 좋습니다. 연근 구멍에 푸른 청양고추와 홍고추를 박아 모양이 아름다운 김치이기도 하고요. 아삭하게 씹히는 연근 맛도 좋지만 익으면 새콤하고 탄산감이 느껴지는 국물 맛도 일품입니다. 연근 특유의 끈적임과 변색을 막고 씹는 조직감을 살리기 위해서는 껍질을 벗겨 썰자마자 뜨거운 물을 부어 데쳐야 합니다. 이후 찬물에 재빨리 씻어 물기를 제거해야 연근의 식감이 아삭하게 유지된답니다. 소금 대신 까나리액젓으로 밑간을 하면 짜지 않고 감칠맛이 더해져 훨씬 맛있는 물김치를 만들 수 있습니다."

기본 재료

연근 300g
사과·배 ¼개씩
청양고추·홍고추 1개씩
마늘 20g
까나리액젓 2큰술
잣 1큰술
실고추 약간

국물 재료

물 500㎖
연근 50g
양파 30g
생강 5g
밀가루풀 50g
소금 10g

만드는 법

1 연근은 0.2㎝ 두께로 썰어 끓는 물을 끼얹어 데친 후 빨리 찬물에 씻고 체에 밭쳐 물기를 뺀다.
2 ①의 연근에 까나리액젓을 넣고 고루 섞어 잠시 놔둔다.
3 마늘은 얇게 편으로 썰고 청양고추와 홍고추는 송송 썬다.
4 ②의 연근 구멍에 송송 썬 홍고추와 청양고추를 보기 좋게 넣는다.
5 사과는 껍질째로, 배는 껍질을 벗기고 각각 0.2㎝ 두께로 먹기 좋게 편으로 썬다.
6 믹서에 국물 재료 중 물 200㎖와 연근, 양파, 생강, 밀가루풀을 넣어 곱게 간 후 면포에 거르고 남은 물과 소금을 섞어 국물을 완성한다.
7 김치통에 ④의 연근과 마늘, 사과, 배를 넣고 ⑥의 국물을 부어 실온에서 반나절 정도 숙성시킨 후 냉장고에 보관해가며 먹는다.
8 상에 낼 때 잣과 실고추를 고명으로 얹는다.

고들빼기김치

"쌉쌀한 맛과 향이 입맛을 돋우는 고들빼기김치는 가을에 넉넉하게 구입해 쓴맛을 우려내고 갖은 양념에 버무려 냉장고에 넣어두고 먹으면 입맛을 돋우는 별미로 손색이 없습니다. 익을수록 더 맛있는 김치라 넉넉하게 만들어 냉장고에 보관해놓고 먹으면 가을 내내 밥상을 좀 더 푸짐하게 만들어주는 김치 중 하나입니다. 생고들빼기는 쓴맛이 굉장히 강해 그대로 담그지 않고 소금물에 담가 쓴맛을 우려낸 뒤 김치를 담가야 합니다. 특히 하우스 고들빼기에 비해 노지 고들빼기가 쓴맛이 훨씬 강해요. 또 여름보다는 단풍이 든 늦가을 무렵의 고들빼기를 사용하면 뿌리가 튼실해 깊은 맛의 김치를 담글 수 있습니다."

기본 재료

고들빼기 400g
쪽파 50g
물(절임용) 1ℓ
소금(절임용) ½컵

양념 재료

고춧가루 100g
다진 마늘 1½큰술
새우젓 1큰술
까나리액젓 3큰술
사과·양파 50g씩
설탕 1큰술
매실액 3큰술
찹쌀풀 100g
통깨 1큰술

만드는 법

1 고들빼기는 뿌리와 잎 사이의 새까만 부분을 칼로 깨끗하게 긁어내고 시든 잎은 떼어낸다.
2 물에 소금의 3분의 2를 넣고 녹여 고들빼기를 담그고 남은 소금은 위에 뿌린 뒤 누름돌로 눌러 12시간 정도 절인 다음 물을 따라 버리고 다시 물을 부어 12시간 정도 우려 쓴맛을 제거한다. 이후 맑은 물에 헹궈 체에 밭쳐 물기를 뺀다.
3 믹서에 양념 재료 중 사과와 양파, 마늘, 찹쌀풀, 새우젓을 넣고 곱게 간 뒤 나머지 양념 재료를 넣고 고루 섞어 양념을 완성한다.
4 물기를 뺀 ②의 고들빼기에 ③의 양념을 넣고 고루 섞어 김치통에 담고 반나절 정도 상온에서 숙성시킨 후 냉장 보관해가며 먹는다.

순무김치

"예부터 임금에게 진상했다는 순무는 칼슘과 칼륨, 식이섬유가 풍부한 약산성 식품으로 오장을 이롭게 하고 간장 질환에 효과가 있다고 합니다. 순무는 일반 무에 비해 수분이 거의 없고 섬유질이 많아 소금에 따로 절이지 않고 김치를 담급니다. 또 특유의 쌉싸래한 매운맛이 있어 그냥 먹는 것보다는 숙성시켜 먹으면 별미지요. 특히 설렁탕이나 갈비탕과 같은 탕류와 함께 먹으면 더욱 맛있게 즐길 수 있습니다. 순무김치를 담글 때는 줄기 부분까지 함께 활용하면 맛과 영양 모두 높아집니다. 다만 뿌리는 절이면 질겨지므로 줄기만 소금을 뿌려 절이고 새우젓을 넉넉하게 넣어 간을 맞추는 것이 좋습니다. 처음 맛볼 때는 살짝 짜다고 느낄 수 있지만 시간이 지나면 무의 맛과 어우러져 간이 딱 맞거든요. 순무 껍질은 조금 질기고 매운맛이 나기도 해 그 맛이 싫은 분들은 껍질을 제거하고 김치를 담그세요."

기본 재료

순무 1kg
소금(절임용) 1½큰술
쪽파 50g
고춧가루 80g
매실청 2큰술

양념 재료

새우젓 3큰술
멸치액젓 2큰술
찹쌀풀 70g
마늘 30g
배 50g
생강 1톨

만드는 법

1 순무는 깨끗하게 씻어 줄기의 두꺼운 부분을 골라낸 다음 줄기는 5cm 길이로 잘라 소금을 뿌려 20분 정도 절인 뒤 2번 정도 씻어 물기를 제거한다.
2 순무 뿌리 부분은 절이지 말고 씻어 먹기 좋은 크기로 납작하게 썬다.
3 쪽파는 4cm 길이로 썬다.
4 믹서에 양념 재료를 모두 넣고 곱게 간 뒤 고춧가루와 매실청을 넣어 섞는다.
5 ①의 순무 줄기와 ②의 뿌리에 ④의 양념을 넣고 섞은 뒤 쪽파를 넣어 다시 한 번 고루 섞는다.
6 김치통에 담고 뚜껑을 덮어 반나절 숙성시킨 뒤 먹는다.

단감김치

"식욕을 돋우고 술의 열독을 풀어주며 위장의 열을 내려주기도 해 예부터 감은 약처럼 먹는 과일 중 하나였습니다. 명절에 산 단단한 단감이 있다면 감김치를 담가보세요. 여름의 참외 김치처럼 달콤하면서도 아삭한 식감으로 더없이 맛있는 가을 별미 김치 중 하나입니다. 먹기 좋게 편으로 썰어 절이지 않고 양념에 버무리기만 하면 되니 만들기도 간편합니다. 맵지 않은 고춧가루를 사용하면 아이들도 맛있게 즐길 수 있답니다. 단감김치는 오래 두지 말고 2~3일 내에 먹는 것이 좋습니다."

기본 재료

단감 3개

쪽파 3줄기

통깨 약간

양념 재료

고춧가루 2큰술

까나리액젓 1½큰술

찹쌀풀 1큰술

매실청 1큰술

다진 마늘 ½큰술

만드는 법

1 단감은 깨끗하게 씻어 껍질을 벗긴 후 4등분하고 씨를 제거한 뒤 0.3㎝ 두께로 썬다.

2 쪽파는 송송 썬다.

3 분량대로 재료를 섞어 양념을 만든다.

4 썰어놓은 ①의 단감에 ③의 양념을 넣어 버무린 뒤 쪽파와 통깨를 뿌리고 가볍게 버무려 그릇에 담는다.

단풍콩잎김치

"경상도에서 즐겨 먹는 가을 별미 반찬 중 하나가 콩잎김치입니다. 단풍이 노랗게 든 콩잎을 따다가 소금물에 삭혀 양념을 발라 먹는데 삭힌 깻잎과 비슷하지만 조금 더 거칠고 얇으면서 특유의 향을 즐길 수 있습니다. 밥도둑 반찬으로 저 역시 이 계절이 되면 즐겨 먹는 밑반찬인데 기름기 많은 명절 상에 올리기에도 좋습니다. 삭힌 콩잎은 특유의 쿰쿰한 냄새가 나므로 삶은 후 찬물에 담갔다가 양념하는 것이 좋습니다. 짠맛이 제거되고 질긴 콩잎을 부드럽게 만들어주기 때문이죠. 다만 너무 오래 삶으면 물러질 수 있으니 10분 정도만 삶는 것이 좋습니다."

기본 재료

삭힌 콩잎 200g

양념 재료

청고추·홍고추 2개씩

쪽파 20g

고춧가루 7큰술

액젓 4큰술

매실액 3큰술

진젓 2큰술

올리고당·다진 마늘 2큰술씩

다진 생강 1큰술

다시마국물 100g

통깨 2큰술

만드는 법

1 삭힌 콩잎을 물에 헹궈 끓는 물에 10분 정도 삶는다.

2 삶은 콩잎을 찬물에 한 번 헹군 후 다시 찬물에 1시간 정도 담가두었다 건져 가지런히 쌓고 손바닥으로 눌러 물기를 제거한다.

3 양념 재료 중 쪽파는 송송 썰고 청고추와 홍고추는 다진다.

4 분량대로 재료를 모두 섞어 양념장을 만든다.

5 콩잎 두세 장을 겹쳐서 양념을 고루 바른 후 냉장 보관해가며 먹는다.

오이고추장장아찌

"매콤하게 양념한 장아찌는 밥반찬으로 좋지만 염도가 높아 부담스러워하는 분들이 많습니다. 이럴 때는 설탕에 절여 양념에 무쳐 먹으면 매콤한 양념과 잘 어우러져 별미입니다. 오이를 말릴 때는 바람이 잘 통하는 너른 채반에 널어 오이 사이사이의 간격을 띄워주는 것이 좋습니다. 바람이 없는 실내라면 선풍기를 적절하게 사용해도 됩니다."

기본 재료

오이·설탕 1kg씩

양념 재료

고추장 200g

고춧가루 20g

물엿 30g

다진 마늘·통깨 1큰술씩

만드는 법

1 오이는 깨끗하게 씻어 길이로 반 자른 후 씨 부분을 제거하고 2~3등분 한다.

2 자른 오이에 설탕을 넣어 하루 정도 재운다.

3 ②의 오이를 물에 한 번 헹군 뒤 물기를 제거한다.

4 오이를 너른 채반에 넓게 펼쳐 하루 정도 고들고들하게 말린다.

5 말린 ④의 오이에 양념 재료를 넣고 고루 버무린다.

고등어감자조림

"매콤하면서도 짭조름한 고등어조림은 한국인이라면 누구나 좋아하는 반찬 중 하나입니다. 고등어조림에는 보통 무와 양파가 들어가는데 여기에 감자를 넉넉하게 넣어 조려도 맛있습니다. 폭신한 감자에 매콤한 양념장을 묻혀 먹으면 정말 맛있거든요. 고등어조림을 만들 때는 고등어를 넣고 15분 정도 뚜껑을 열어놓은 채로 센 불에 끓여야 비린내가 날아갑니다. 또 무와 감자를 먼저 넣고 끓이다 고등어를 올려야 양념이 타지 않습니다."

기본 재료

고등어 2마리(500~600g)
생강즙 약간
청주 3큰술
감자 200g
무·양파 50g씩
대파 1대
청양고추 2개
홍고추 ½개
쌀뜨물 1ℓ

양념 재료

간장 4큰술
고춧가루 4큰술
고추장 2큰술
매실청·맛술 2큰술씩
다진 마늘 1½큰술
다진 생강 1작은술
물 200㎖

만드는 법

1 고등어는 지느러미를 자르고 내장 쪽 검은 막을 제거한 후 깨끗하게 씻어 물기를 뺀다.
2 ①의 고등어에 청주와 생강즙을 뿌려 20분 정도 재운다.
3 감자와 무는 껍질을 제거하고 먹기 좋은 크기로 썬다.
4 쌀뜨물에 감자와 무를 넣고 15분 정도 끓인다.
5 양파는 도톰하게 썰고 파와 고추는 어슷 썬다.
6 한소끔 끓인 ④에 ②의 고등어를 올리고 분량대로 재료를 섞어 만든 양념을 절반 정도 넣는다.
7 ⑥에 양파, 대파, 고추를 올린 뒤 남은 양념을 올린다.
8 뚜껑을 열고 센 불에서 15분 정도 끓이다 중약 불로 줄이고 뚜껑을 덮어 20분 더 끓인다.

녹두빈대떡

“철분과 카로틴이 풍부한 녹두는 아이들의 성장 발육에 도움이 되고 필수아미노산과 불포화 지방산을 많이 함유하고 있어 해독 작용에 탁월한 효과가 있습니다. 때문에 녹두빈대떡은 아이들의 영양 간식은 물론 어른들의 술안주로도 그만입니다. 불린 녹두는 곱게 갈지 않고 성글게 갈아야 전의 식감이 좋습니다. 돼지고기와 신김치, 고사리, 숙주 등이 어우러져 남녀노소 누구나 좋아할 맛입니다. 여유가 있다면 돼지비계를 구워 기름을 내면 황해도식 녹두부침개의 진수를 맛볼 수 있습니다.”

기본 재료

녹두 500g

숙주 200g

고사리 70g

돼지고기(다진 것) 200g

신김치 150g

홍고추 1개

소금 ½큰술

식용유 적당량

돼지고기 양념 재료

진간장 1큰술

다진 마늘 1큰술

생강즙 ½큰술

설탕·참기름 ½큰술씩

후춧가루 약간

숙주고사리 양념 재료

국간장·다진 마늘 ½큰술씩

만드는 법

1 녹두는 껍질을 벗긴 것으로 준비해 녹두 양 3배 정도의 물을 부어 3~4시간 정도 불린다.

2 불린 녹두는 살살 흔들어가며 남은 껍질이 없어질 때까지 물을 갈아가며 씻어낸다.

3 녹두는 물을 완전히 따라 버리고 소금 ½큰술과 함께 믹서에 넣어 식감이 느껴지도록 성글게 간다.

4 숙주는 씻어 끓는 물에 1분 정도 데친 후 물기를 꼭 짜둔다.

5 돼지고기는 양념을 넣어 조물조물 버무려놓는다.

6 신김치는 송송 썬다.

7 고사리는 물에 불려 삶은 후 양념을 모두 넣고 ④의 숙주와 같이 무친다.

8 홍고추는 송송 썬다.

9 ③의 녹두에 신김치, 돼지고기, 무친 고사리와 숙주 등 홍고추를 제외한 모든 재료를 넣고 섞는다.

10 달군 팬에 식용유를 넉넉하게 두르고 ⑨의 반죽을 떠 올려 펼친 후 홍고추로 장식한 뒤 양면을 바삭하게 굽는다.

궁중갈비찜

"명절 그리고 생일상, 손님상에 빠지지 않고 올리는 갈비찜은 핏물을 빼 잡내 없는 갈비와 다양한 채소가 어우러진 전통 요리 중 하나입니다. 흐물거리지 않게 너무 푹 익히지 않고 고기의 식감을 살려 만드는 것이 포인트입니다. 또 갈비는 물을 갈아가며 핏물을 빼고 끓는 물에 데쳐 씻어 잡냄새와 불순물을 제거해야 합니다. 또한 양념이 잘 배지 않는 압력솥 대신 냄비를 이용해 1시간 이상 끓여야 제대로 된 갈비찜 맛을 낼 수 있습니다. 간장은 처음부터 넣고 조리하면 삼투압 작용으로 육즙이 빠져나와 식감이 뻣뻣하고 질겨질 수 있으니 다른 양념 재료들을 먼저 넣고 끓이다 간장을 넣어야 합니다."

기본 재료

소갈비(찜용) 600g

무 80g, 당근 60g

표고버섯 3개

밤 5톨

향신즙 재료

무 50g

양파·배 40g씩

양념 재료

진간장 4큰술

다진 마늘 1큰술

다진 생강·후춧가루 1작은술씩

설탕·맛술 2큰술씩

참기름 1큰술, 향신즙 130g

고명 재료

달걀지단·홍고추 약간씩

대추 1개

만드는 법

1 갈비는 물을 갈아가며 찬물에 1시간 이상 담가 핏물을 제거한다.

2 무와 양파, 배를 곱게 갈아 면포에 넣고 꼭 짜 향신즙을 만든다.

3 냄비에 갈비를 넣고 잠길 정도로 물을 부어 물이 끓으면 5분 정도 더 데친다.

4 데친 갈비는 찬물에 두어 번 정도 헹군다.

5 물 500㎖에 갈비를 넣고 진간장을 제외한 양념 재료를 넣어 끓어오르면 중간 불로 줄여 20분 정도 더 끓인다.

6 무와 당근은 한 입 크기로 잘라서 모서리를 둥글게 다듬는다.

7 ⑤에 진간장을 넣고 약한 불로 줄여 40분 정도 끓인다.

8 ⑦에 손질해둔 무와 당근, 표고버섯, 깐 밤을 넣고 15분 정도 끓인다. 이때 국물이 많으면 조금 더 졸인다.

9 달걀로 지단을 부쳐 마름모꼴로 썬다. 홍고추는 보기 좋게 어슷 썰고 대추는 꼭지를 제거해 씻어 물기를 뺀다.

10 접시에 갈비찜을 담고 지단과 대추, 홍고추를 올려서 상에 낸다.

애호박찌개

"애호박찌개는 기름기가 적은 앞다리살로 끓이기 때문에 국물이 매콤하면서도 담백합니다. 입맛 없는 날 밥을 말아 먹으면 따로 반찬이 필요 없고 비 오는 날 소주 안주로도 그만입니다. 걸쭉한 맛이 일품인 애호박찌개는 건더기가 푸짐해 보이도록 모든 재료를 큼지막하게 써는 게 조리 포인트입니다. 애호박찌개는 바로 먹어도 맛있지만 넉넉하게 끓여서 다음 날 먹으면 고기와 채소에 양념이 배어 더 맛있답니다."

기본 재료

돼지고기 앞다리살 200g
애호박 ½개, 양파 50g
청양고추 1개
홍고추 ½개, 대파 20g
물 600㎖, 식용유 약간

양념 재료

고추장 2큰술
고춧가루 1큰술
다진 마늘 1작은술
국간장 ½작은술
소금 약간

돼지고기 밑간 재료

다진 마늘 1작은술
맛술 1큰술
후춧가루 톡톡

만드는 법

1. 돼지고기는 한 입 크기로 썰고 분량대로 재료를 넣어 밑간한다.
2. 애호박과 양파는 한 입 크기로 썰고, 고추와 대파는 어슷 썬다.
3. 냄비에 식용유를 두르고 돼지고기 표면만 2~3분 정도 살짝 익힌 후 물과 애호박, 양파 그리고 양념 재료를 넣어 센 불에서 끓기 시작하면 중약 불로 줄이고 10분 정도 더 끓인다.
4. ③에 청양고추와 홍고추, 대파를 넣어 한소끔 끓이고 부족한 간은 소금으로 맞춘다.

전복죽

“바다의 산삼이라 불리는 전복은 기력 회복에 좋은 대표 보양식으로 타우린과 아미노산 등이 풍부하며 눈 건강에도 도움을 줍니다. 그런 전복으로 만든 죽은 입맛을 돋우는 것은 물론 여름내 지친 몸을 깨우기에 제격입니다. 죽에 들어가는 전복 내장과 쌀은 참기름에 꾸들꾸들하게 볶아야 비린내도 없고 쌀알의 식감이 살아 맛있어요. 또 전복살은 내장과 같이 끓이지 않고 따로 볶아 마지막에 죽에 넣으면 부드러운 식감을 그대로 살릴 수 있답니다.”

기본 재료

전복(큰 것) 4~5미
멥쌀·찹쌀 100g씩
물 6~7컵
국간장 1큰술
소금 약간
참기름 4큰술
통깨 1큰술
김가루 약간

만드는 법

1 멥쌀과 찹쌀은 씻어 1시간 정도 충분히 불린 후 체에 밭쳐 물기를 뺀다.
2 전복은 솔로 문질러 깨끗이 씻은 후 뾰족한 방향으로 숟가락을 넣어 껍데기를 분리하고 전복 식도와 이빨, 모래집 등을 제거한 뒤 내장을 분리하여 다진다. 전복살은 먹기 좋은 크기로 썰어놓는다.
3 냄비에 참기름 2큰술을 두르고 내장을 넣어 볶다가 ①의 쌀을 넣어 함께 볶는다.
4 ③에 물을 붓고 끓기 시작하면 10분 정도 더 끓이다 중약불로 줄여 눌어붙지 않게 저어가며 10~15분 정도 더 끓인다.
5 국간장을 넣어 간하고 부족한 간은 소금으로 맞춘 뒤 참기름 1큰술을 넣는다.
6 냄비에 ②의 썰어놓은 전복살을 참기름에 살짝 볶은 뒤 ⑤의 끓고 있는 죽에 넣어 섞고 그릇에 담아 통깨와 김가루를 뿌린다.

구운연근샐러드

"연근은 비타민 C가 풍부하고 비타민 B_1도 함유하고 있어 구내염 완화와 피부 건강, 피로 해소 등에 도움이 되는 뿌리채소입니다. 뿐만 아니라 식이섬유가 풍부하여 배변을 원활하게 하고 몸속의 불필요한 것들을 배출시키는 작용도 뛰어나지요. 연근은 주로 조림으로 많이 먹지만 구우면 특유의 점액질이 사라지고 아삭한 식감을 살릴 수 있습니다. 또 식초물에 담갔다 사용하면 떫은맛을 제거할 수 있습니다."

기본 재료

연근 1개(작은 것)
샐러드 채소 100g
방울토마토 3개
올리브유 2큰술
식초 1큰술
물 2컵

소스 재료

유자청 3큰술
레몬즙 · 올리브유 2큰술씩
다진 마늘 1큰술

만드는 법

1 연근은 껍질을 벗겨 0.5㎝ 두께로 동그랗게 썬다.
2 식초를 넣은 물에 ①의 연근을 5~10분 정도 담가두어 떫은맛을 제거한다.
3 샐러드용 채소와 방울토마토는 씻어 물기를 제거한 후 먹기 좋은 크기로 썬다.
4 소스 재료를 고루 섞어둔다.
5 팬에 올리브유를 두르고 연근을 양면으로 굽는다.
6 구운 연근을 접시에 동그랗게 돌려 담고 채소와 토마토를 가운데 올린 뒤 소스를 뿌려 낸다.

미나리새우전

“미나리는 독특한 풍미가 있는 알칼리성 식품으로 강장과 해독 효과가 탁월합니다. 또한 섬유질이 풍부해 변비 해소에도 도움이 되지요. 미나리는 카로틴이 풍부해 기름에 볶거나 부쳐 먹으면 좋습니다. 새우까지 더하면 부족한 단백질 섭취는 물론 맛도 한층 좋아집니다. 미나리는 풋내가 나지 않도록 살살 씻고 반죽에 넣어서도 살살 섞어야 합니다. 반죽은 튀김가루와 얼음물로 해야 눅눅하지 않고 바삭한 식감을 즐길 수 있습니다. 또 반죽은 최대한 밀가루를 적게 넣고 얇게 펼쳐 구워야 맛있습니다. 새우살은 반죽에 넣어 섞지 말고 반죽을 살짝만 묻혀 올려야 보기에 좋습니다.”

기본 재료

미나리·칵테일새우 200g씩
양파 20g
대파 10g
청양고추 1개
튀김가루 ⅔컵
얼음물 1½컵
식용유 적당량

양념장 재료

간장 1큰술
식초 2큰술
설탕 1큰술
고춧가루·통깨 한 꼬집씩

만드는 법

1. 미나리는 식초를 한 방울 떨어뜨린 물에 10분 정도 담가둔 후 여러 번 헹궈 깨끗하게 씻고 3㎝ 길이로 썬다.
2. 새우살은 흐르는 물에 가볍게 씻은 후 물기를 제거한다.
3. 양파와 대파, 청양고추는 잘게 썬다.
4. 튀김가루를 얼음물로 반죽하고 ①의 미나리와 ③의 채소를 넣어 버무린다.
5. 분량대로 재료를 섞어 양념장을 만든다.
6. 달군 팬에 식용유를 두르고 ④의 반죽을 적당히 올려 얇게 펼친 후 ②의 새우살에 반죽을 살짝 묻혀 장식하듯 올려 양면을 노릇하게 지진다.

시래기된장국

"무를 손질할 때 보통 무청은 잘라낸 뒤 끓는 물에 살짝 데쳐 바람에 말려둡니다. 이렇게 말린 무청은 물을 갈아가며 불려 겨우내 마르는 동안 생긴 먼지나 이물질을 제거한 뒤 부드럽게 삶아 나물로 무치거나 볶아 먹습니다. 또 들깻가루나 된장으로 양념한 뒤 다시마국물을 자작하게 부어 조려 먹기도 하고요. 무가 제철이라면 말리는 대신 생무청을 삶아 된장국을 끓여 먹어도 별미입니다. 말린 무청보다 부드럽고 색도 예쁜 것이 장점이지요."

기본 재료

삶은 무청(시래기) 400g

청양고추·홍고추 1개씩

대파(흰 부분) 10㎝

육수 재료

멸치(국물용) 30g

다시마 1조각

통후추 5알

물 1.5ℓ

양념 재료

된장 2½큰술

다진 마늘·고춧가루 1큰술씩

소금 약간

만드는 법

1 무청 시래기는 흙을 말끔히 씻어낸다.

2 끓는 물에 씻은 무청을 넣고 뚜껑을 연 채 10분 정도 삶은 뒤 무청을 뒤집고 뚜껑을 닫아 10분 정도 삶는다.

3 푹 삶은 무청은 체에 밭쳐 식힌 뒤 물기를 꼭 짠다.

4 냄비에 육수 재료를 넣고 20분 정도 끓인 뒤 건더기를 거른다.

5 냄비에 시래기와 된장을 넣고 조물조물 무친 뒤 ④의 육수를 붓고 10분 정도 끓인다.

6 ⑤에 송송 썬 청양고추와 홍고추, 대파, 다진 마늘, 고춧가루를 넣고 10분 정도 더 끓인 뒤 부족한 간은 소금으로 맞춘다.

보리새우무조림

"김장철이 가까워지면 무는 단단하고 물이 많아지면서 맛도 달아집니다. 늦가을 무는 인삼보다 몸에 좋다는 말이 있을 정도입니다. 다디단 무는 김치를 담그기도 하고 다양한 요리 재료로 활용할 수 있는데 특히 맛이 좋을 때 간장 양념에 조려 먹으면 별미입니다. 조림용 무는 너무 얇지도 두껍지도 않게 도톰하게 썰어야 합니다. 그래야 익었을 때 무가 뭉그러지지 않고 간장이 속까지 고르게 스며듭니다. 또한 중약 불에서 은근히 조려야 타지 않고 속까지 고루 익습니다."

기본 재료

무 500g

보리새우 3큰술

다시마국물 300㎖

식용유 ½큰술

양념 재료

간장 2큰술

액젓·고운 고춧가루·설탕 1큰술씩

다진 청양고추 1개분량

다진 대파 20g

다진 마늘 ½큰술

만드는 법

1 다시마를 물에 30분 정도 우려 다시마국물을 만든다.

2 무는 동그란 모양대로 1.5~2㎝ 두께로 썰어 다시 반으로 자른다.

3 분량대로 재료를 섞어 양념장을 만든다.

4 냄비에 무와 양념장, 보리새우, 다시마국물, 식용유를 부어 센 불에서 끓기 시작하면 중약 불로 줄여 20분 정도 끓인다. 이때 중간중간 위아래로 무의 위치를 바꿔준다.

5 국물이 자작하게 남으면 불을 끄고 접시에 보기 좋게 담는다.

갈치호박국

"갈치호박국은 제 고향 거제도에서 즐겨 먹던 음식입니다. 신선한 갈치와 늙은 호박을 넣어 끓인 국으로 청양고추를 송송 썰어 넣으면 달콤하면서도 담백하고 국물이 또 시원해 보양식 메뉴로 손색이 없습니다. 국에 넣는 갈치는 신선한 것을 사용해야 비린내가 나지 않고 국물도 시원하답니다. 또 비린내의 원인이 되는 내장 속 검은 막과 갈치 비늘을 깨끗하게 제거하는 것이 매우 중요합니다."

기본 재료

갈치 450~500g
늙은 호박
(껍질 제거한 것) 600g
배춧잎 2~3장
무 100g
대파 50g
양파 30g
청양고추·홍고추 2개씩
멸치육수 1.2ℓ

양념 재료

다진 마늘 1큰술
소금·멸치액젓 1큰술씩
국간장·식초 1큰술씩
맛술 2큰술

만드는 법

1 호박은 씨를 긁어내고 껍질을 벗겨 도톰하게 썬다.
2 갈치는 지느러미를 가위로 잘라내고 안쪽 검은 막을 제거한 후 비늘을 칼로 긁어내고 깨끗하게 씻어 물기를 뺀다.
3 ①의 호박과 익기 좋게 얇게 썬 무를 멸치육수에 넣어 끓기 시작하면 뚜껑을 닫고 5분 정도 더 끓인다.
4 ③에 갈치를 넣고 한소끔 더 끓인 후 먹기 좋게 썬 양파, 고추, 배춧잎, 대파 그리고 식초를 제외한 양념 재료를 넣고 끓인다.
5 ④가 끓기 시작하면 중약 불에서 5분 정도 끓이다 식초를 넣고 한소끔 더 끓여 상에 낸다.

날이 추워질수록 맛있어지는 해산물과 오래 두고 먹기 좋은 월동 배추 그리고 겨울의 알싸한 맛을 품은 무와 갓, 파를 이용해 담근 특별한 김치 레시피를 소개합니다. 또한 맛있게 익은 김장김치와 별미 김치는 뜨끈한 국물 요리와 함께 드셔보세요.

겨울

김장김치

"생새우와 청각을 넣어 담근 김장 배추김치는 시원하면서도 깔끔한 맛이 일품으로 남녀노소 누구나 좋아할만 합니다. 맛있게 담근 김치는 숙성과 보관 역시 중요합니다. 김장이 끝나면 베란다 등 서늘한 곳에 두어 상온에서 2~3일 숙성 과정을 거친 다음 김치냉장고에 넣어 보관합니다. 또 먹을 시기에 따라 분류해 보관하면 더욱 맛있게 먹을 수 있습니다."

기본 재료

배추 14kg(4~5포기)

소금(절임용) 1.4kg

물(절임용) 14kg

무 1.5kg, 배 600g

갓·쪽파 200g씩

미나리 150g

양념 재료

고춧가루 550~600g

다진 마늘 200g

다진 생강 60g

육수·찹쌀죽 2컵씩

생새우 200g, 검은깨 2큰술

고추씨 30g, 청각 100g

멸치액젓 300g

새우젓 150g

육수 재료

다시마·멸치(국물용) 10g씩

양파 1개, 대파 1대

물 1ℓ

찹쌀죽 재료

불린 찹쌀 1컵, 물 7컵

만드는 법

1 배추는 반으로 가르고 통에 절임용 물과 소금 분량의 반 정도를 넣고 녹여 배춧잎 사이사이에 끼얹어 적신다. 배추 줄기 부분에 남은 소금을 켜켜이 뿌린다.

2 배추를 속이 위로 올라오도록 차곡차곡 쌓고 남은 소금물을 붓는다. 5시간이 지나면 배추를 위아래로 뒤집어 5시간 더 절인 뒤 흐르는 물에 세 번 정도 헹궈 소금기를 뺀 후 채반에 엎어서 물기를 뺀다.

3 물 1ℓ에 육수 재료를 넣고 끓기 시작해 10분 지나면 다시마를 건져 불을 끄고 식으면 걸러 육수만 받는다.

4 불린 찹쌀에 물을 넣고 저어가며 끓인 뒤 식혀 찹쌀풀을 완성한다.

5 껍질을 깐 무와 배는 0.2㎝ 두께로 채 썬다.

6 갓과 쪽파, 미나리는 모두 4㎝ 길이로 썬다.

7 생새우는 옅은 소금물에 씻어 건져 물기를 뺀 후 칼로 굵게 다지고, 손질한 청각도 굵게 다진다.

8 양념 재료를 모두 섞은 다음 배추를 제외한 모든 재료를 넣고 고루 섞어 소를 만든다.

9 배추 줄기 부분 안쪽에 켜켜이 ⑧의 소를 넣은 후 겉잎으로 전체를 돌려 싸고 단면이 위로 오도록 김치통에 80%만 채워 담는다.

10 김치 위에 푸른 겉잎을 덮어 공기가 통하지 않도록 한 후 꾹꾹 눌러 서늘한 곳에서 2~3일 숙성시켜 냉장 보관해가며 먹는다.

갓김치

"갓김치는 쉽게 시어지지 않아 저장성이 뛰어난 김치 중 하나로 익으면 익을수록 감칠맛이 더해져 흰쌀밥과 잘 어울립니다. 갓김치를 담글 때는 찹쌀풀을 걸쭉하게 쑤어 넣고 멸치액젓과 새우젓을 넉넉하게 넣어 만들면 구수하고 칼칼한 맛이 나면서 특유의 쌉싸름한 맛과 향이 어우러져 입맛을 돋워줍니다. 갓은 재료가 워낙 연하므로 오래 절이면 질겨져서 맛이 없습니다. 수분이 없는 채소로 2~3시간 정도만 절여서 수분을 남겨두는 것이 중요해요. 또 2주 이상 숙성시켜야 구수하면서도 깊은 맛을 즐길 수 있습니다. 겨우내 익힌 갓김치는 생선을 조릴 때 넣으면 별미랍니다."

기본 재료

갓 2kg

소금(절임용) 200g

물(절임용) 2ℓ

쪽파 200g

양념 재료

고춧가루 400g

다진 마늘 150g

생강 20g

찹쌀풀 200g

다시마국물 2컵

멸치액젓 150g

새우젓 50g

설탕 3큰술

만드는 법

1 갓은 깨끗하게 손질해 흐르는 물에 씻고 채반에 밭쳐 물기를 뺀다.

2 통에 절임용 물과 소금을 넣고 녹인 후 갓 사이사이에 끼얹어 적시고 중간에 뒤집어가며 2~3시간 정도 절인다.

3 절인 갓은 흐르는 물에 한 번 정도만 헹궈 물기를 뺀다.

4 분량대로 재료를 고루 섞어 양념을 만든다.

5 ③의 갓과 쪽파의 뿌리 부분부터 잎까지 고루 양념을 바르고 3~4줄기씩 가지런히 모아 타래 지어 통에 담는다. 상온에서 하루 정도 익힌 뒤 냉장고에 넣고 2주 이상 익혀 먹는다.

비늘물김치

"무에 칼집을 넣어 갖가지 소를 채운 비늘김치는 독특한 모양새가 눈길을 끕니다. 대추와 밤, 석이버섯, 미나리 등을 가늘게 채 썰어 넣은 모양과 색이 예뻐 손님상에 올리기에 좋지요. 맵지 않고 익으면 시원한 맛이 일품이라 남녀노소 누구나 좋아할 만한 김치 중 하나입니다. 비늘물김치에 들어가는 재료들은 2㎝ 길이로 가늘게 채 썰어 넣어야 하기 때문에 정성이 필요합니다. 또 양념에 들어가는 마늘과 생강은 즙을 짜 넣어야 향이 강하지 않고 은은하게 어우러집니다."

기본 재료

동치미무 500g

소금 100g, 물 500㎖

미나리·대파 20g씩

불린 석이버섯 20g

대추 3개

밤 2톨

홍고추·청고추 2개씩

양념 재료

찹쌀풀 100g

다시마국물 300㎖

마늘즙 1큰술

생강즙 1작은술

까나리액젓 50g

매실액 1½큰술

통깨·소금 약간씩

만드는 법

1 무는 자그마한 것으로 골라 껍질째 씻는다. 씻은 무는 반달 모양이 되도록 세로로 2등분한 뒤 윗부분에 1.5㎝ 간격으로 비스듬하게 칼집을 넣는다.

2 물에 소금을 풀어 만든 절임물에 ①의 무를 넣고 1시간 동안 절인다. 이때 중간중간 위아래의 위치를 바꿔준다.

3 미나리는 2㎝ 길이로 썰고 대파와 석이버섯도 미나리 길이로 가늘게 채 썬다.

4 대추는 돌려 깎아 채 썰고, 밤은 속껍질까지 깐 뒤 2㎝ 길이로 가늘게 채 썬다.

5 홍고추와 청고추는 길이로 잘라 씨를 제거한 후 2㎝ 길이로 가늘게 채 썬다.

6 양념 재료를 모두 섞은 뒤 채 썬 ③, ④, ⑤를 넣고 골고루 섞어 소를 만든다.

7 ②의 무의 칼집 사이사이에 ⑥의 소를 넣는다.

8 김치통에 ⑦의 무를 담고 ⑥의 남은 국물과 소를 부은 뒤 숙성시켜 먹는다.

대구아가미깍두기

"제 고향 거제도에서는 겨울이 되면 대구를 이용한 다양한 음식을 즐겼습니다. 대구의 내장 역시 버리지 않고 국이나 찌개를 끓여 먹었고 특히 아가미는 김치 재료로 사용했습니다. 아가미를 넣어 담근 깍두기는 시원하면서도 감칠맛이 어찌나 뛰어난지 온 식구가 좋아했습니다. 잘 익은 깍두기 속 대구 아가미는 식감이 부드러우면서도 쫄깃해 별미랍니다. 다만 돌처럼 딱딱한 뼈는 삭지 않아 치아를 손상시킬 수 있으니 골라내는 게 좋습니다. 대구아가미깍두기의 맛을 좌우하는 것 중 하나는 대구의 신선도인데 껍질에 광택이 나고 비늘이 단단하게 붙어 있는 것으로 선택해야 아가미 역시 싱싱합니다. 또 깍두기에 들어가는 마른 고추를 갈 때는 생수보다 배추나 무를 절인 물을 사용하면 맛과 향이 훨씬 좋습니다."

기본 재료

대구 아가미 200g
무 700g
굵은소금(세척용) ½작은술
소금(아가미 절임용) 3큰술
소금(무 절임용) 2큰술
물(무 절임용) 2큰술

김칫소 재료

대파 흰 부분 1대(40g)
홍고추 2개
쪽파 5줄기(20g)

양념 재료

고춧가루·멸치액젓·
다진 마늘·찹쌀풀 3큰술씩
설탕 ¾큰술
불린 마른 고추 5개
고추씨·다진 생강 ½큰술씩

만드는 법

1 대구 아가미는 굵은소금을 넣어 주물러 씻고 2~3회 헹궈 물기를 뺀 다음 소금을 넣고 섞어 실온에서 하루 정도 절인다.
2 무는 2㎝ 크기로 깍둑썰기를 해 소금물을 뿌리고 고루 섞은 뒤 중간에 한두 번 뒤적여가며 1시간 정도 절인다. 잘 절여진 무는 물기를 빼두고 절인 물 ½컵을 따로 남겨둔다.
3 믹서에 불린 마른 고추를 잘라 넣고 ②의 절인 물을 부어 거칠게 간 다음 분량의 양념 재료를 모두 넣고 고루 섞는다.
4 ①의 아가미를 한 번 씻어 물기를 짠 뒤 1㎝ 크기로 썰어 ③의 양념을 1큰술 넣고 버무린다.
5 ②의 무에 ③의 양념을 3큰술 넣고 버무려 붉게 색을 낸다.
6 대파는 송송 썰고, 홍고추는 씨를 빼 굵게 다지고, 쪽파는 3㎝ 길이로 썬다.
7 모든 재료를 고루 버무린 뒤 김치통에 담고 2일간 실온에서 숙성시킨 후 냉장 보관해가며 먹는다.

고추씨묵은지

"묵은지는 김장김치 중에서도 가장 늦게 담그는 김치이고 해를 넘겨 봄이나 여름 무렵이 되어서야 꺼내 먹는 김치입니다. 그냥 먹어도 맛있고 김치찌개나 등갈비찜을 할 때 사용하면 최고의 반찬 중 하나지요. 묵은지를 만들 때는 일반 포기김치보다 양념은 줄이고 무는 갈아 넣지만 찹쌀풀이나 배 등은 첨가하지 않아야 김치가 금방 시지 않고 식감도 물러지지 않습니다. 묵은지를 담글 때는 부재료와 양념을 최소화하는 것이 좋아요. 저는 간 무와 쪽파 그리고 갓 정도만 부재료로 넣고 양념도 고추씨와 다시마국물, 젓갈 몇 가지와 마늘, 생강만 넣습니다. 또 추위에 강한 월동배추를 이용하면 군내가 나지 않고 끝까지 시원한 맛이 납니다. 아울러 햇고추씨를 넣으면 칼칼하면서도 쨍한 맛의 묵은지를 만들 수 있습니다."

기본 재료

절임배추 10㎏

무 1.2㎏, 쪽파 200g

갓 300g

양념 재료

고춧가루 600g

고추씨 300g

다시마멸치채소육수 600㎖

멸치액젓 400㎖

멸치진젓 200g

새우젓 100㎖

마늘 300g, 생강 60g

다시마멸치채소육수 재료

물 1ℓ

다시마·멸치(국물용) 10g씩

양파 1개

대파 흰 부분 1대

만드는 법

1 냄비에 육수 재료를 넣고 끓기 시작하면 불을 줄여 10분 더 끓이고 불을 끈다. 다시마는 건져내고 식으면 나머지 재료도 걸러내어 육수를 완성한다.

2 믹서에 토막 낸 무와 ①의 육수를 넣고 마늘, 생강, 새우젓과 함께 곱게 간다.

3 ②에 고춧가루를 비롯해 고추씨, 멸치액젓, 멸치진젓을 넣어 고루 섞어 양념을 만든다.

4 갓과 쪽파는 4㎝ 길이로 썬다.

5 ③의 양념에 ④의 갓과 쪽파를 넣고 고루 버무려 김칫소를 완성한다.

6 절인 배추를 뒤집어놓고 잎의 뒷면부터 김칫소를 바르듯이 넣는다. 줄기 부분 안쪽에 켜켜이 소를 넣은 다음 김치를 살짝 눌러 공기를 빼고 겉잎으로 감싼다.

7 완성된 김치는 속대가 위로 오게 통에 담고 꼭꼭 누른다. 절인 배추 겉잎으로 위를 덮은 뒤 서늘한 상온에 하루 두었다가 냉장고에 보관한다.

홍갓보리물김치

"자줏빛 국물의 색이 아름다운 홍갓보리물김치는 색상만큼 맛도 좋은 김치 중 하나입니다. 삶은 보리가 들어가 익을수록 시원한 맛이 나고 삶은 감자가 구수한 맛을 내는 홍갓보리물김치는 시원하고 구수한 맛이 어우러진 별미지요. 쨍하게 익었을 때 군고구마와 함께 먹으면 겨울의 정취를 제대로 느낄 수 있답니다. 갓은 종류에 따라 청갓과 홍갓, 돌산갓으로 나뉩니다. 맛이 담백한 청갓은 동치미나 백김치 같은 맑은 김치에 쓰이고 홍갓은 주로 통배추를 비롯한 다양한 김치의 소로 사용되는데 저는 매운맛이 강한 홍갓으로 물김치를 담갔습니다. 대신 삶은 감자를 넣어 갓의 구수함을 더하고 매운맛은 잡아주었지요."

기본 재료

홍갓 1kg, 물(절임용) 2ℓ
소금(절임용) 100g
삶은 보리(늘보리 100g, 물 500㎖) 200g
홍고추 4개
청양고추 7개

국물 재료

무 200g, 사과 150g
배 250g, 마늘 30g
생수 1.3ℓ
삶은 감자 50g
새우젓(건더기) 1큰술
까나리액젓·매실액 3큰술씩
설탕 1½큰술
청주 2큰술
소금 50g

만드는 법

1 홍갓은 포기째 손질한 후 천일염을 녹인 소금물에 담가 중간에 한 번 뒤집어가며 1시간 정도 절인다.
2 냄비에 늘보리와 물을 넣고 끓기 시작하면 중간 불로 줄여 물이 2~3숟가락 정도 남아 있도록 끓인다.
3 믹서에 손질한 무, 배, 사과, 삶은 감자를 썰어 넣고 마늘과 새우젓, ②의 삶은 보리 100g, 물 300㎖를 넣고 곱게 간 뒤 체에 밭쳐 꾹꾹 눌러가며 즙을 짠다.
4 ③의 즙에 남은 국물 재료를 모두 넣고 고루 섞어 김치국물을 만든다.
5 청양고추는 길이로 반 갈라 씨를 빼고, 홍고추는 송송 썬다.
6 남은 삶은 보리 100g에 ⑤의 청양고추, 홍고추를 넣어 고루 섞는다.
7 김치통에 ①의 갓과 ⑥을 넣고 ④의 김치국물을 부어 실온에서 반나절 숙성시킨 후 냉장 보관해가며 먹는다.

비지미

"비지미는 무를 깨끗하게 씻어 들쭉날쭉 어슷하게 빗듯이 썰고 소금에 잠깐 절였다가 양념에 버무리는 경상도식 무김치입니다. 무가 맛있는 겨울철에 담가야 더 맛있지요. 비지미는 설렁탕, 갈비탕과 같은 탕과 같이 먹어도 맛있고 충무김밥에 곁들여 먹는 무김치로도 잘 어울립니다. 비지미용 무는 얇게 빚어 썰기 때문에 20분 이내로 짧게 절여야 짜지 않고 식감도 좋습니다."

기본 재료

무 1kg

소금 70g

쪽파 3줄기

양념 재료

고춧가루 4큰술

멸치액젓 3큰술

다진 마늘 2큰술

다진 생강 1작은술

매실액 1큰술

찹쌀풀 1컵

만드는 법

1 무는 깨끗이 씻어 연필 깎듯이 칼로 얇게 빚어 썬다.

2 빚어 썬 무에 소금을 뿌려 10~20분 정도 살짝 절인 후 맑은 물에 씻고 체에 밭쳐 물기를 뺀다.

3 쪽파는 0.5㎝ 길이로 송송 썬다.

4 양념 재료를 모두 고루 섞는다.

5 무와 양념, 쪽파를 한데 넣고 고루 섞는다.

충무김밥

“충무김밥은 일반적인 김밥과 달리 속 재료를 넣지 않고 김에 맨밥을 넣어 손가락만 하게 싸 깍두기와 오징어무침, 어묵무침 등을 곁들여 먹습니다. 비지미가 시원하게 익었다면 오징어 어묵무침을 만들어 충무김밥과 같이 즐겨보세요. 오징어어묵무침의 담백하면서 매콤한 맛과 비지미의 시원함이 어우러져 온 가족의 입맛을 돋우기에 제격입니다.”

김밥 재료

김(김밥용) 3장
밥 3~4공기
참기름 2큰술
통깨 1큰술
소금 톡톡

오징어어묵무침 재료

오징어(큰 것) 1마리
사각어묵 3장
굵은 고춧가루 3큰술
고춧가루·청주 1큰술씩
진간장·참기름 2큰술씩
통깨·매실액 2큰술씩
액젓 1작은술
쪽파(송송 썬 것) 3~4줄기 분량

만드는 법

1 오징어는 몸통과 다리를 분리하여 깨끗하게 손질해 끓는 물에 1분 정도 데친다. 오징어 데친 물에 어묵도 넣어 30초 정도 데친다.
2 데친 오징어와 어묵은 먹기 좋은 크기로 자른 후 양념을 넣고 고루 섞어 조물조물 무친다.
3 김밥용 김은 길이로 절반 자른다.
4 밥에 소금과 참기름을 넣어 고루 섞은 뒤 김에 밥을 적당히 펼쳐놓고 돌돌 만다.
5 ④의 김밥 겉면에 참기름을 바르고 칼로 3등분한 후 통깨를 뿌린다.
6 그릇에 김밥을 담고 오징어어묵무침과 비지미를 곁들여 낸다.

갈비 듬뿍 맑은 갈비탕

"맛있는 갈비탕을 만드는 비법이 무엇이냐고 묻는 분들이 많은데 사실 특별한 노하우는 없습니다. 신선한 갈비를 준비해 고기의 핏물을 제대로 빼고 정성을 다해 끓이면 되죠. 이렇게 조리하면 잡냄새가 없고 고기는 부드러워지고 국물의 맛은 깊어집니다."

기본 재료

갈비 2kg

물 9ℓ

육수 재료

무 200g, 양파 1개

대파 100g, 통마늘 10g

통후추 5g

양념 재료

국간장 3큰술

소금 1큰술

후춧가루 1작은술

고명 재료

대추·인삼·대파·

달걀지단·실고추

적당량씩

만드는 법

1 갈비는 물을 갈아가며 찬물에 1시간 이상 담가 핏물을 제거한다.

2 냄비에 물 3ℓ를 붓고 끓으면 갈비를 넣고 끓어오르면 불을 끈 뒤 흐르는 물에 깨끗하게 씻는다.

3 냄비에 ②의 갈비와 물 6ℓ를 붓고 육수 재료를 망에 넣어 센 불에서 30~40분 정도 거품을 걷어가며 끓인 뒤 불을 중약불로 줄여 20~30분 더 끓이고 육수 망을 꺼낸다.

4 ③의 국물을 면포에 거르거나 시간이 있다면 차게 식혀 위에 뜬 하얀 기름을 걷어낸다.

5 고명에 들어가는 대추는 꼭지를 제거해 씻는다. 인삼은 너무 크지 않은 것으로 준비하고 크면 길이로 반 썬다. 대파는 4㎝ 길이로 잘라 편으로 썰고, 달걀은 흰자와 노른자를 분리해 황백지단을 부쳐 마름모꼴로 썬다.

6 냄비에 갈비를 담고 ④의 육수를 부은 뒤 양념 재료와 대파, 대추, 인삼을 넣어 10분 정도 끓이고 싱거우면 소금으로 간한다.

7 갈비탕을 대접에 담고 황백지단과 실고추를 올려 낸다.

갈비육수떡국

"갈비탕의 육수로 떡국을 만들면 맛도 물론 좋지만 미리 끓여놓은 갈비탕으로 손쉽게 후다닥 떡국을 완성할 수 있어 일석이조랍니다. 갈비탕을 끓여 갈비는 먼저 건져 먹고 육수에 밥 대신 떡을 넣어 끓여 먹는 거죠. 1인분에 떡국떡은 200g, 갈비육수는 400g 정도가 적당하니 식구 수에 맞춰 가감해 드시면 됩니다."

기본 재료

떡국떡 적당량
갈비 2kg
물 9ℓ

육수 재료

무 200g
양파 1개
대파 100g
통마늘 10g
통후추 5g

양념 재료

국간장 3큰술
소금 1큰술
후춧가루 1작은술

고명 재료

대파·달걀지단·실고추 적당량씩
검은깨 약간

만드는 법

1 갈비는 물을 갈아가며 찬물에 1시간 이상 담가 핏물을 제거한다.
2 냄비에 물 3ℓ를 붓고 끓으면 고기를 넣고 끓어오르면 불을 끈 뒤 흐르는 물에 깨끗하게 씻는다.
3 냄비에 ②의 갈비와 물 6ℓ를 붓고 육수 재료를 망에 넣어 센 불에서 30~40분 정도 거품을 걷어가며 끓인 뒤 중간 불로 줄여 20~30분 더 끓이고 육수 망을 꺼낸다.
4 ③의 국물을 면포에 거르거나 시간이 있다면 차게 식혀 위에 뜬 하얀 기름을 걷어낸다.
5 떡국떡은 10분 정도 찬물에 담가 불린다.
6 달걀은 노른자와 흰자를 분리해 황백지단을 부쳐 마름모꼴로 썬다.
7 ④의 국물을 냄비에 넣고 한소끔 끓으면 양념으로 간하고 ⑤의 물기를 뺀 떡국떡을 넣고 끓여 떡이 떠오르면 어슷썰기 한 대파를 넣고 불을 끈 뒤 그릇에 담는다.
8 떡국 위에 황백 달걀지단과 실고추, 검은깨를 고명으로 올려 상에 낸다.

유자드레싱 샐러드

"유자는 특유의 쓴맛이 있어 드레싱을 만들 때는 레몬즙과 식초를 더해 쓴맛을 상쇄하는 것이 좋습니다. 우리가 유자청이라 부르는 유자차에는 이미 설탕의 단맛이 충분하므로 따로 단맛을 낼 필요가 없고 올리브유와 함께 소금을 약간 넣어 간하면 단맛, 신맛, 짠맛이 어우러져 조화롭습니다."

기본 재료

양상추·로메인·비트·
적양배추·아몬드슬라이스
적당량씩

유자드레싱 재료

유자차 3큰술
올리브유 2큰술
레몬즙·식초 1큰술씩
소금 ½작은술
후춧가루 약간

만드는 법

1 양상추와 로메인은 씻은 뒤 채소 탈수기에 돌려 물기를 제거하고 한 입 크기로 뜯어놓는다.
2 비트는 껍질을 벗겨 0.2㎝ 두께로 채 썬다.
3 적양배추도 씻어 물기를 제거한 뒤 먹기 좋게 채 썬다.
4 분량대로 재료를 섞어 유자드레싱을 만든다.
5 접시에 채소를 섞어 올린 뒤 아몬드슬라이스를 골고루 뿌린다.
6 마지막으로 ④의 유자드레싱을 뿌려 완성한다.

레몬초장을 곁들인 자연산 미역

"겨울이 제철인 생미역은 데쳐 드시는 분들이 많은데 데치지 않고 간수만 잘 빼도 부드러우면서도 바다 향 가득한 미역을 즐길 수 있습니다. 생레몬즙을 더해 만든 초장까지 곁들이면 겨울철 입맛을 돋우기에 제격이고 미네랄과 식이섬유를 풍부하게 섭취할 수 있어 건강까지 챙길 수 있습니다. 제 고향 거제도에서 해녀들이 직접 딴 자연산 미역은 손질이 중요한데 물에 2시간 이상 충분히 담가 간수를 빼고 제철에 먹을 만큼 소포장해 냉동실에 넣어둡니다. 먹기 직전 미지근한 물에 30~40분 담가 거품이 나오지 않을 때까지 손으로 주물러 씻으면 비로소 간수가 모두 빠져 미역에 윤기가 돌고 부드러워집니다. 미역에 곁들여 먹는 초장은 고추장에 레몬즙과 식초, 사이다 등을 더해 만드는데 레몬의 풍미와 사이다의 톡 쏘는 맛이 어우러져 별미지요. 초장은 고추장 외에도 고춧가루를 활용할 수 있는데 고춧가루에 간장과 소주를 넣어 초장을 만들면 텁텁함 없이 깔끔한 맛을 내니 취향에 맞게 선택해 만들어보세요."

기본 재료

자연산 생미역 적당량

초장 재료

고추장·식초 3큰술씩

물엿·사이다 3큰술씩

레몬즙·다진 마늘 1큰술씩

통깨 약간

만드는 법

1 자연산 생미역을 몇 번 씻어 물에 담가 2시간 이상 간수를 뺀다.

2 ①의 미역을 손으로 주물주물해 거품이 더 이상 나오지 않을 때까지 물을 갈아가며 씻은 후 물기를 제거한다.

3 분량대로 재료를 섞어 초장을 만든다.

4 ②의 물기를 제거한 미역을 먹기 좋게 잘라 접시에 담고 준비한 ③의 초장을 곁들여 낸다.

설렁탕

"설렁탕은 사계절 어느 때나 먹어도 맛있지만 가장 맛있을 때는 추운 겨울입니다. 뜨거운 국물을 호호 불어가며 먹으면 온몸에 따뜻한 기운이 돌아 힘이 납니다. 여기에 맛있게 익은 김장김치를 곁들여 먹으면 이만한 별미가 또 없지요. 설렁탕을 끓일 때 사용하는 사골은 물을 갈아가며 핏물을 제대로 뺀 후 끓는 물에 데쳐 사용해야 불순물을 깨끗하게 제거할 수 있습니다. 사골은 한 번 우려낸 뒤 다시 물을 부어 2~3회 정도 끓여 먹는데 첫 번째 끓인 것은 국물이 맑고 고소한 맛이 강합니다. 두세 번째는 고소한 맛과 함께 뽀얀 사골의 맛을 제대로 느낄 수 있죠. 첫 번째와 두 번째, 세 번째 끓인 것을 냉장 보관해두었다 합쳐 냉동 보관해가며 먹어도 맛있습니다."

기본 재료

사골 2kg

소고기(양지) 800g

육수 재료

대파 1대

양파 ½개

마늘 50g

생강 20g

통후추 5g

만드는 법

1. 사골은 찬물을 여러 번 갈아가며 5~6시간 정도 담가 핏물을 제거한다.
2. 양지는 찬물에 1시간 정도 여러 번 물을 갈아가며 담가 핏물을 제거한다.
3. 망에 육수 재료를 담는다.
4. 큰 냄비에 물을 넉넉하게 부어 끓기 시작하면 사골을 넣고 한소끔 끓으면 체에 밭쳐 흐르는 물에 한 번 헹군다.
5. 냄비에 ④의 사골과 물 6ℓ, ③을 넣고 센 불에서 1시간 정도 끓인 후 약한 불로 줄여 5~6시간 은근히 끓인다. 이때 중간중간 기름과 거품을 걷어낸다.
6. ⑤의 사골을 불에서 내리기 1시간 30분 정도 남았을 때 ②의 양지를 넣고 같이 끓인다.
7. ⑥의 양지를 한 김 식혀 먹기 좋게 편으로 썰어 그릇에 담고 뽀얗게 우러난 사골국물을 붓는다. 기호에 따라 송송 썬 대파, 소금, 후춧가루를 곁들인다.

시금치꼬막초무침

"꼬막은 주로 껍데기째 삶아 양념을 올려 먹는데 꼬막살만 발라내 데친 시금치와 함께 초무침을 만들어 먹어도 별미입니다. 꼬막 요리에서 가장 중요한 것은 해감하는 것입니다. 해감을 제대로 하기 위해서는 소금물에 쇠숟가락을 넣으면 좋습니다. 또 삶을 때 청주를 한 방울 정도 넣으면 꼬막 특유의 비린내를 제거하는 데 도움이 됩니다. 그뿐만 아니라 젓가락이나 주걱 등을 이용해 한 방향으로 저어가며 삶으면 꼬막의 살이 껍데기의 한쪽에만 붙어서 손질하기 편리합니다."

기본 재료

시금치·삶은 꼬막 150g씩

청양고추·홍고추 1개씩

쪽파 3줄기

양념 재료

고춧가루 1½큰술

고추장·다진 마늘·

설탕·매실청·2배식초·

레몬즙·국간장·

참기름 1큰술씩

통깨 1작은술

소금 약간

만드는 법

1 시금치는 손질하여 끓는 물에 가볍게 데쳐 찬물에 헹군 뒤 물기를 꼭 짠다.

2 꼬막은 고무장갑을 끼고 박박 문질러가며 흐르는 물에 여러 번 헹군다.

3 볼에 꼬막이 잠길 정도의 물을 붓고 소금을 2큰술 푼다. 꼬막을 담근 뒤 쇠숟가락을 올리고 검은 비닐봉지를 씌워 1시간 정도 해감한다.

4 해감한 꼬막은 맑은 물에 여러 번 헹구고 청주를 한 방울 넣은 끓는 물에 넣어 한쪽 방향으로 저어가며 삶는다.

5 ④의 꼬막 5~6개 정도 껍데기가 벌어지기 시작하면 건져낸다. 이때 꼬막 삶은 물은 버리지 않는다.

6 꼬막은 한 김 식혀 껍데기를 깐 뒤 이물질이 남아 있는 경우 찬물 대신 ⑤의 꼬막 삶은 물에 헹구면 꼬막의 맛과 향이 빠져나가지 않는다.

7 청양고추와 홍고추는 반으로 갈라 씨를 제거한 후 채 썰고, 쪽파는 송송 썬다.

8 분량대로 재료를 섞어 만든 양념장에 시금치와 꼬막을 넣고 ⑦을 넣어 함께 버무린다.

톳두부무침

"톡톡 씹히는 식감이 좋은 톳은 겨울이면 늘 밥상에 오르는 식재료 중 하나입니다. 톳은 주로 밥으로 지어 먹는데 톳밥은 양념장만 곁들이면 별다른 반찬 없이도 든든한 한 끼 식사가 됩니다. 이밖에도 국과 무침, 샐러드 등 다양한 요리가 가능한데 두부와 함께 간장, 참기름을 넣어 무친 것 또한 별미지요. 톳을 손질할 때는 톳에 있는 불순물과 간수를 제거해야 특유의 비린내가 없어집니다. 그래서 소금을 넣어 바락바락 치대고 물에 여러 번 헹궈 미끈거림을 꼼꼼하게 제거해야 합니다. 또 끓는 물에 데치면 식감이 부드러워지고 색상도 예쁜 초록색이 됩니다. 톳에 비해 양념을 금방 흡수하는 두부는 톳을 먼저 양념한 뒤 상에 내기 전에 톳과 함께 무쳐야 고소하면서도 담백한 특유의 맛을 살릴 수 있습니다."

기본 재료

톳·두부 150g씩

소금 2큰술

양념 재료

국간장 2큰술

다진 마늘 1큰술

쪽파 2줄기

참기름 2큰술

통깨 1큰술

소금 약간

만드는 법

1 톳은 물을 3~4번 바꿔가며 담갔다가 소금 2큰술을 넣고 바락바락 치대어 맑은 물이 나올 때까지 여러 번 헹군 뒤 채반에 밭쳐 물기를 제거한다.

2 끓는 물에 ①의 톳을 넣고 5분 정도 데친다.

3 끓는 물에 두부를 넣고 살짝 데쳐 면포에 담아 물기를 꼭 짠다.

4 데친 톳은 먹기 좋은 크기로 썰고, 쪽파는 송송 썬다.

5 톳에 국간장과 다진 마늘을 넣고 무치다가 쪽파와 참기름을 넣고 다시 한 번 무친다.

6 상에 내기 직전 ⑤에 물기를 뺀 으깬 두부를 넣고 무친 뒤 싱거우면 소금으로 간하고 통깨를 뿌려 그릇에 담아낸다.

우엉잡채

"우엉에 풍부한 이눌린 성분은 장내에서 포도당이 과다 생성되는 것을 막아주어 특히 당뇨 환자들에게 더할 나위 없이 이로운 식재료입니다. 우엉은 우리 몸의 면역력을 키워줘 겨울철 감기를 예방하기도 하고요. 일반적으로 우엉은 어슷썰기를 해 조리는데 채 썰어 살짝 볶으면 훨씬 식감이 아삭하고 간도 잘 뱁니다. 또 우엉의 껍질에는 영양분이 풍부하므로 필러로 깎지 않고 칼등으로 긁어내는 정도로 손질하면 껍질의 영양과 감칠맛을 즐길 수 있습니다."

기본 재료

우엉 200g

어묵 2장

빨강·노랑 파프리카 ¼개씩

청양고추 1개

식초·식용유 1큰술씩

양념 재료

간장 2큰술

다진 마늘·참기름·맛술 1큰술씩

올리고당 1½큰술

통깨 약간

후춧가루 톡톡

만드는 법

1 우엉은 겉에 묻은 흙을 부드러운 수세미로 가볍게 문질러 씻은 뒤 칼등으로 껍질을 벗긴다.

2 껍질을 벗긴 우엉은 어슷하게 채 썬 뒤 식초를 넣은 물에 10분 정도 담가 떫은맛을 제거하고 갈변을 막는다.

3 ②의 우엉을 건져 체에 밭쳐 물기를 뺀다.

4 어묵은 길게 채 썰어 준비하고, 파프리카와 청양고추도 길게 채 썬다.

5 냄비에 식용유를 두르고 우엉과 어묵을 넣어 5분 정도 볶다 파프리카와 청양고추를 넣고 올리고당과 참기름, 통깨를 제외한 양념을 넣어 볶는다.

6 ⑤에 올리고당과 참기름을 넣고 가볍게 볶은 뒤 통깨를 뿌려 상에 낸다.

무굴밥

"철분과 구리가 풍부한 굴은 빈혈 예방에 탁월한 효과가 있고 망간과 칼슘도 풍부하게 함유되어 있어 골다공증 예방에 도움이 됩니다. 굴을 먹을 때는 무나 생강, 배추속대 등을 곁들이면 굴에 없는 섬유질과 비타민이 보충됩니다. 무굴밥은 영양적으로 완벽하고 맛깔난 양념장을 넣어 비벼 먹으면 입맛을 돋우기에도 그만입니다. 무와 굴에서 수분이 나오기 때문에 무굴밥을 지을 때는 쌀밥을 지을 때보다 물을 조금 적게 잡고 지어야 합니다."

기본 재료

쌀·물·굴 300g씩

무 200g

소금(굴 세척용) 1큰술

양념 재료

진간장 4큰술

액젓 ½큰술

매실청·고춧가루 1큰술씩

다진 마늘 ½큰술

참기름 1큰술

대파 30g

쪽파 20g

청양고추 1개

통깨 1큰술

만드는 법

1 쌀은 씻어 30분 이상 불린다.

2 굴은 소금을 넣고 가볍게 섞어 3~4회 물에 헹구어 불순물을 제거한 뒤 체에 밭쳐 물기를 뺀다.

3 무는 새끼손가락 굵기로 굵게 채 썬다.

4 냄비에 불린 쌀과 물을 넣고 그 위에 무를 올린 뒤 센 불에서 끓기 시작하면 약한 불로 줄여 10분 정도 끓인다.

5 ④에 굴을 올리고 5~7분 정도 더 끓인 후 불을 끄고 5분 정도 뜸을 들인다.

6 대파와 쪽파, 청양고추는 잘게 다진 뒤 나머지 양념 재료와 섞어 양념장을 만들어 무굴밥에 곁들여 낸다.

동태찌개

"담백하면서도 얼큰한 국물이 당기는 겨울에 생각나는 음식 중 하나가 동태찌개입니다. 동태찌개는 보통 고춧가루로 양념하는데 여기에 된장을 약간 넣으면 된장의 구수한 맛이 동태의 비린내를 없애주어 국물이 한층 시원해집니다. 비린내가 심한 동태라면 쌀뜨물에 식초를 몇 방울 떨어뜨린 후 동태를 10분 정도 담가놓으면 비린내를 제거할 수 있습니다."

기본 재료

동태 1마리(1kg)
무·콩나물 200g씩
두부 ½모
대파 50g
청양고추·홍고추 1개씩
쑥갓 한줌
멸치육수 1.5ℓ
소금물(세척용) 적당량

양념 재료

된장·다진 마늘 2큰술씩
고춧가루 4큰술
고추장·멸치액젓 1큰술씩
다진 생강 1작은술
후춧가루 톡톡
소금 약간

만드는 법

1 동태는 내장 안쪽에 있는 검은 막과 뼈에 붙은 검붉은 핏덩어리까지 깔끔하게 제거한 뒤 소금물에 흔들어 씻는다.
2 무는 0.5㎝ 두께, 사방 5㎝ 크기로 네모지게 썰고 대파와 청양고추, 홍고추는 어슷하게 썬다. 두부는 1㎝ 두께로 먹기 좋게 썬다.
3 콩나물과 쑥갓은 흐르는 물에 씻어 물기를 제거한다.
4 소금과 후춧가루를 제외한 재료를 모두 섞어 양념장을 만든다.
5 냄비에 무를 깔고 동태를 올린 후 멸치육수를 붓고 뚜껑을 연 채 거품을 걷어가며 센 불에 끓인다.
6 ⑤가 끓기 시작하면 양념장을 넣고 중간 불로 줄여 20분 정도 더 끓인다.
7 ⑥에 콩나물과 두부를 넣고 5분 정도 끓인 뒤 대파와 청양고추, 홍고추를 넣고 한소끔 끓인다. 마지막에 소금으로 간하고 후춧가루를 넣은 뒤 쑥갓을 올려 상에 낸다.

매생이리소토

"찬 바람이 불기 시작하면 부드러운 식감의 매생이로 국이나 탕, 떡국, 칼국수 등 국물 요리를 해 먹는 분들이 많을 겁니다. 후루룩후루룩 잘 넘어가 아이들이 먹기에도 부담이 없는 매생이는 한식 외에 파스타나 리소토 같은 서양 요리와도 잘 어울립니다. 쌀이 아닌 밥으로 만든 리소토는 식감이 부드러워 어르신들도 좋아할 만한 메뉴입니다. 리소토에 들어가는 매생이는 이물질은 물론 간수를 제대로 빼야 짜지 않아요. 취향에 따라 페페론치노를 넣으면 매운맛을 더할 수 있습니다."

기본 재료

매생이 40g
찬밥 2공기
우유 500㎖
새송이버섯·양파 50g씩
다진 마늘 1큰술
체더치즈 1장
치킨스톡 ½큰술
올리브유 약간
소금·후춧가루 한 꼬집씩

만드는 법

1. 매생이는 물에 넣어 이물질을 제거한 후 간수가 다 빠지도록 깨끗하게 씻는다.
2. 새송이버섯과 양파는 잘게 다진다.
3. 팬에 올리브유를 두르고 다진 마늘과 양파를 넣고 볶다가 버섯을 넣어 다시 한 번 볶는다.
4. 양파가 투명해지면 ③에 우유, 치킨스톡 그리고 밥을 넣어 저어가며 팔팔 끓인다.
5. ④에 소금과 후춧가루를 넣어 간을 맞추고 손질한 매생이와 체더치즈를 넣고 저어가며 걸쭉해질 때까지 끓인다.

index

"앞으로는 김치 외에도 한식의 조리법, 장 등 다양한
우리 밥상의 구성 요소를 확대하여 연구할 계획입니다.
무엇보다 '현재 우리 밥상의 고민은 무엇인가?'에
더 관심을 가질 거예요. 쉬우면서도 건강하고 맛있는
한식 레시피를 연구해 많은 사람이 즐기고
활용할 수 있도록 공유하고자 합니다."

배양자의 김치와 찬

초판 1쇄 발행 2024년 12월 24일

지은이 배양자

발행인 이동한
편집장 김보선
기획·편집 전영미·강부연
마케팅 박미선(부국장), 조성환, 박경민
제작관리 이성훈(부장), 이세정

사진 이종수, 권석준, 정택
디자인 정희진
교정·교열 박지언

발행 ㈜조선뉴스프레스 여성조선
등록 2001년 1월 9일 제2015-00001호
주소 서울특별시 마포구 상암산로34, 디지털큐브빌딩 13층
편집 문의 02-724-6712, susu001@chosun.com
구입 문의 02-724-6796, 6797

ISBN 979-11-5578-507-2
값 20,000원